高等学校大数据技术与应用规划教材

大数据应用基础

主　编　娄　岩

副主编　徐东雨

编　委　郑琳琳　刘尚辉　李　静

　　　　马　瑾　丁　林　曹　阳

　　　　庞东兴　张志常　霍　妍

U0310208

中国铁道出版社有限公司
CHINA RAILWAY PUBLISHING HOUSE CO.,LTD.

内 容 简 介

本书是将大数据基本理论与基本应用有机结合的教材,按照定义、特征、技术流程和典型案例分析的方式编写,抽丝剥茧,由易到难,有助于读者理解和掌握大数据技术。

本书的一大亮点是每章中都使用图表对大数据与传统数据处理方式进行对比。另外,本书注重启发式的学习策略,便于读者理解和掌握。全书在每一章均附有实际应用案例与关键词注释,方便读者查阅和自学,同时配备了习题和参考答案。

本书适合作为普通高校大数据技术的基础教材,也可以作为职业培训教育及相关技术人员的参考用书。

图书在版编目(CIP)数据

大数据应用基础/娄岩主编 . —北京:中国铁道出版社,
2018. 10 (2021.1重印)

高等学校大数据技术与应用规划教材
ISBN 978-7-113-24854-3

Ⅰ.①大… Ⅱ.①娄… Ⅲ.①数据处理-高等学校-教材
Ⅳ.①TP274

中国版本图书馆 CIP 数据核字(2018)第 235759 号

书　　名:**大数据应用基础**

作　者:娄 岩

策　　划:周海燕　　　　　　　编辑部电话:(010) 51873202

责任编辑:周海燕　徐盼欣

封面设计:穆 丽

责任校对:张玉华

责任印制:樊启鹏

出版发行:中国铁道出版社有限公司 (100054,北京市西城区右安门西街 8 号)

网　　址:http://www.tdpress.com/51eds/

印　　刷:三河市宏盛印务有限公司

版　　次:2018 年 10 月第 1 版　　2021 年 1 月第 3 次印刷

开　　本:787 mm × 1 092 mm　1/16　印张:10.5　字数:232 千

书　　号:ISBN 978-7-113-24854-3

定　　价:32.00 元

前言

习近平总书记在党的十九大报告中提出要"推动互联网、大数据、人工智能和实体经济深度融合",强调"贯彻新发展理念,建设现代化经济体系"。大数据、VR(虚拟现实)、AR(增强现实)和人工智能等信息技术必将为社会发展和时代进步注入新的生机和血液。

为此,本书围绕大数据应用,从理论、相关技术和实际应用三个层面进行简明扼要的阐述,目的是让广大师生对大数据的应用方法和相关知识有所了解,更好地把握科学发展的方向。

大数据技术教学在中国医科大学已经连续开展五年,已经成为大学计算机教育的重要组成部分。为国家培养了一批掌握最新 IT 发展动态和技能的医学人才,同时也积累了一定的教学经验。

在编写原则上,本书注重知识的系统性、针对性、理论性和应用性。本书倡导启发式的学习策略,通过案例启发学生的学习兴趣,检验其学习效果,提高其学习能力。

本书内容包括 12 章:第 1 章大数据概论主要讲解了大数据技术概念、架构、整体技术;第 2 章大数据采集及预处理主要讲解了大数据采集的概念、数据来源和技术方法;第 3 章大数据分析概论主要讲解了大数据分析的方法、流程、主要技术;第 4 章大数据可视化主要讲解了大数据可视化的过程和可视化工具 Tableau;第 5 章 Hadoop 概论主要讲解了 Hadoop 的架构;第 6 章 HDFS 和 Common 概论主要讲解了 HDFS 的体系结构、工作原理和 Common 模块;第 7 章 MapReduce 概论主要讲解了 MapReduce 的架构、原理和工作流程;第 8 章 NoSQL 概论主要讲解了 NoSQL 的基本知识和典型工具;第 9 章 Spark 概论主要讲解了 Spark 生态系统的组成;第 10 章云计算与大数据主要讲解了云计算的服务模式、部署模式;第 11 章典型大数据解决方案主要讲解了各种大数据解决方案;第 12 章大数据应用案例分析(医疗领域)主要讲解了大数据在医疗领域的应用案例。

本书由娄岩任主编,由徐东雨任副主编,郑琳琳、刘尚辉、李静、马瑾、丁林、曹阳、庞东兴、张志常、霍妍参与编写。具体编写分工如下:第 1 章由娄岩编写,第 2

章由郑琳琳编写，第 3 章由刘尚辉编写，第 4 章由李静编写，第 5 章由马瑾编写，第 6 章由丁林编写，第 7 章由徐东雨编写，第 8 章由曹阳编写，第 9 章由庞东兴编写，第 10 章由张志常编写，第 11 章、第 12 章由霍妍编写。

中国铁道出版社对本书的出版做了充分论证，精心策划。在此向所有参加编写的同事们、帮助和指导过我们工作的朋友们和参考文献的作者前辈们表示衷心的感谢！

由于编者水平有限，加之时间仓促，书中难免存在疏漏之处，恳请广大读者批评斧正！

娄　岩

2018 年 6 月

目 录

大数据概论 <<<

第 1 章

>>>导学

【内容与要求】

本章主要对大数据的技术架构、大数据的整体技术、大数据分析的四种典型工具以及大数据未来发展趋势进行介绍,使读者更好地了解什么是大数据技术。

"大数据技术简介"一节介绍 IT 产业的发展简史、大数据的主要来源、数据生成的三种主要方式、大数据的特点、大数据的处理流程、大数据的数据格式、基本特征和应用领域。

"大数据的技术架构"一节介绍四层堆栈式技术架构,包括基础层、管理层、分析层和应用层。

"大数据的整体技术"一节介绍数据采集、数据存取、基础架构、数据处理、统计分析、数据挖掘、模型预测和结果呈现等。

"大数据分析的四种典型工具简介"一节介绍 Hadoop、Spark、Storm 和 Apache Drill。

"大数据未来发展趋势"一节介绍数据资源化,随着大数据应用的发展,大数据资源成为重要的战略资源,数据成为新的战略制高点。

【重点与难点】

本章的重点是了解大数据的特点、特征和大数据未来发展趋势;本章的难点是了解大数据技术架构和整体技术。

大数据(Big Data)是指无法在一定时间范围内用常规软件工具进行捕捉、管理和处理的数据集合,是需要新处理模式才能具有更强的决策力、洞察发现力和流程优化能力的海量、高增长率和多样化的信息资产。

大数据究竟是什么？有哪些相关技术？对普通人的生活会有怎样的影响？大数据未来的发展趋势如何？本章将一一介绍这些问题。

1.1 大数据技术简介

早在 1980 年，著名未来学家阿尔文·托夫勒便在《第三次浪潮》一书中，将大数据热情地赞颂为"第三次浪潮的华彩乐章"。从技术层面上看，大数据无法用单台计算机进行处理，而必须采用分布式计算架构。其特色在于对海量数据的挖掘，但它又必须依托一些现有的数据处理方法，如云式处理、分布式数据库、云存储与虚拟化技术等。

大数据是继物联网之后 IT 产业又一次颠覆性的技术变革，其核心在于为客户从数据中挖掘出蕴藏的价值，而不是软硬件的堆砌。因此，针对不同领域的大数据应用模式、商业模式的研究和探索将是大数据产业健康发展的关键。

1.1.1 IT 产业的发展简史

可以说，IT 产业的每一个发展阶段都是由新兴的 IT 供应商主导的，虽然起因可能是由于军事方面或科学发展的需要。它们改变了已有的秩序，重新定义了计算机的规范，并为进入 IT 领域的新纪元铺平了道路。

20 世纪 60 年代和 70 年代的大型机阶段是以 Burroughs、Univac、NCR、Control Data 和 Honeywell 等公司为首的。而 80 年代后，小型机如雨后春笋般涌现出来，为首的公司包括 DEC、IBM、Data General、Wang、Prime 等。

到了 20 世纪 90 年代，IT 产业进入了微处理器或个人计算机阶段，Microsoft（微软）、Intel、IBM 和 Apple 等公司成为当之无愧的领军者。从 90 年代中期开始，IT 产业进入了网络化阶段。如今，全球在线的人数已经超过 10 亿，这一阶段由 Cisco、Google、Oracle、EMC、Salesforce. com 等公司领导。局域网、互联网和物联网等的发展方兴未艾。IT 产业的下一个阶段，也就是本书将介绍的全新的 IT 变革还没有被正式命名，人们更愿意称其为云计算/大数据阶段。

众所周知，目前数字信息每天在无线电波、电话电路和计算机电缆等媒介中川流不息。我们周围到处都是数字信息，在高清电视机上看数字信息，在互联网上听数字信息，我们自己也在不断制造新的数字信息。例如，每次用数码照相机拍照后，都会产生新的数字信息；通过电子邮件把照片发给朋友和家人，同样制造了许多数字信息。不过，没人知道这些流式数字信息有多少，增加速度有多快，以及其激增意味着什么。

2007 年是有史以来人类创造的信息量第一次在理论上超过可用存储空间总量的一年。调查结果强调，现在人类应该也必须合理调整数据存储和管理。30 多年前通信行业的数据大部分还是结构化数据，如今多媒体技术的普及导致非结构化数据如音乐和视频等的数量出现爆炸式增长。30 多年前的一个普通企业用户文件也许表现为数据库中的一排数字，如今的类似普通文件可能包含许多数字化图片和文件的影像或者数字化录音内容。现在,94% 以上的数字信息都是半结构化或非结构化数据。在各组织和企业中,它们占到了所有信息数据总量的 80% 以上。

另外,可视化是引起数字世界急速膨胀的主要原因之一。由于数码照相机、数字摄像机和数字电视内容的加速增长及信息的大量复制趋势,数字世界的容量和膨胀速度前所未有。同时,个人日常生活的"数字足迹"也大大刺激了数字世界的快速增长。通过互联网及社交网络、电子邮件、视频、移动电话、数码照相机和在线信用卡交易等多种方式,每个人的日常生活都在被"数字化"。

大数据快速增长的原因之一是智能设备的普及,如传感器、医疗设备及智能建筑(如楼宇和桥梁)。此外,非结构化信息,如文件、电子邮件和视频,将占到未来 10 年新生数据的 90% 。非结构化信息增长的另一个原因是由于高宽带数据的增长,如视频。

用户手中的手机和移动设备是数据量爆炸的一个重要原因。目前,全球手机用户共拥有 50 亿台手机,其中 20 亿台为智能手机,相当于 20 世纪 80 年代 20 亿台 IBM 的大型机在消费者手里。

大数据正在以不可阻拦的磅礴气势,与当代同样具有革命意义的最新科技进步(如虚拟现实技术、增强现实技术、纳米技术、生物工程、移动平台应用等)一起,揭开人类新世纪的序幕。

大数据时代已悄然来到我们身边,并渗透到我们每个人的日常生活之中,谁都无法回避。它提供了光怪陆离的全媒体、难以琢磨的云计算、无法抵御的虚拟仿真环境和随处可在的网络服务。随着互联网技术的蓬勃发展,我们一定会迎来大数据的智能时代,即大数据技术和生活紧密相连,它再也不仅仅是人们津津乐道的一种时尚,而是成为生活上的向导和助手。

1.1.2 大数据的主要来源

大数据的来源非常广泛,如信息管理系统、网络信息系统、物联网系统、科学实验系统等,其数据类型包括结构化数据、半结构化数据和非结构化数据。

(1)信息管理系统:企业内部使用的信息系统,包括办公自动化系统、业务管理系统等。信息管理系统主要通过用户输入和系统二次加工的方式产生数据,其产生的大数据大多数为结构化数据,通常存储在数据库中。

(2)网络信息系统:基于网络运行的信息系统,是大数据产生的重要方式,如电子商务系统、社交网络、社会媒体、搜索引擎等都是常见的网络信息系统。网络信息系统产生的大数据多为半结构化或非结构化的数据。

(3)物联网系统:物联网是新一代信息技术,其核心和基础仍然是互联网,是在互联网基础上延伸和扩展的网络,其用户端延伸和扩展到了任何物品与物品之间,以进行信息交换和通信,而其具体实现是通过传感技术获取外界的物理、化学、生物等数据信息。

(4)科学实验系统:主要用于科学技术研究,可以由真实的实验产生数据,也可以通过模拟方式获取仿真数据。

1.1.3　数据生成的三种主要方式

从数据库技术诞生以来,产生数据的方式主要有三种。

1. 被动式生成数据

数据库技术使得数据的保存和管理变得简单,业务系统在运行时产生的数据可以直接保存到数据库中,数据随业务系统运行而产生,因此该阶段所产生的数据是被动的。

2. 主动式生成数据

物联网的诞生,使得移动互联网的发展大大加速了数据的产生概率。例如,人们可以通过手机等移动终端,随时随地产生数据。用户数据不但大量增加,同时用户还主动提交了自己的行为,如实时发送照片、邮件和其他信息,使之进入了社交、移动时代。大量移动终端设备的出现,使用户不仅主动提交自己的行为,还和自己的社交圈进行了实时互动,因此产生了大量的数据,且具有极其强烈的传播性。显然,如此生成的数据是主动的。

3. 感知式生成数据

物联网的发展使得数据生成方式得以彻底改变。例如,遍布在城市各个角落的摄像头等数据采集设备源源不断地自动采集并生成数据。

1.1.4　大数据的特点

在大数据背景下,数据的采集、分析、处理较之传统方式有了颠覆性的改变,如表 1-1 所示。

表 1-1　传统数据与大数据的特点比较

对比分类	传 统 数 据	大　数　据
数据产生方式	被动采集数据	主动生成数据
数据采集密度	采样密度较低,采样数据有限	利用大数据平台,可对需要分析事件的数据进行密度采样,精确获取事件全局数据
数据源	数据源获取较为孤立,不同数据之间添加的数据整合难度较大	利用大数据技术,通过分布式技术、分布式文件系统、分布式数据库等技术对多个数据源获取的数据进行整合处理
数据处理方式	大多采用离线处理方式,对生成的数据集中分析处理,不对实时产生的数据进行分析	较大的数据源、响应时间要求低的应用可以采取批处理方式集中计算;响应时间要求高的实时数据处理采用流处理的方式进行实时计算,并通过对历史数据的分析进行预测分析

1.1.5　大数据的处理流程

大数据的处理流程可以定义为在适合工具的辅助下,对不同结构的数据源进行汲取和集成,并将结果按照一定的标准统一存储,再利用合适的数据分析技术对其进行分析,最后从中提取有益的知识并利用恰当的方式将结果展示给终端前的用户。大数据处理的基本流程如图 1-1 所示。

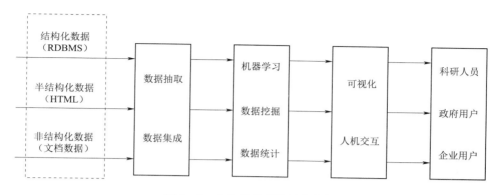

图1-1 大数据处理的基本流程

1. 数据抽取与集成

由于大数据处理的数据来源类型广泛,而其第一步是对数据进行抽取和集成,从中找出关系和实体,经过关联、聚合等操作,再按照统一的格式对数据进行存储,现有的数据抽取和集成引擎有三种:基于物化或 ETL 方法的引擎、基于中间件的引擎、基于数据流方法的引擎。

2. 大数据分析

大数据分析是研究大型数据集的过程,其中包含各种各样的数据类型。大数据能够揭示隐藏的信息模式、未知事物的相关性、市场趋势、客户偏好和其他有用的商业信息。大数据分析是大数据处理流程的核心步骤,通过抽取和集成环节,从不同结构的数据源中获得用于大数据处理的原始数据,用户根据需求对数据进行分析处理,如数据挖掘、机器学习、数据统计,数据分析可以用于决策支持、商业智能、推荐系统、预测系统等。

3. 数据可视化

数据可视化主要是指借助于图形化手段,清晰有效地传达与沟通信息。数据可视化技术的基本思想,是将数据库中每一个数据项作为单个图元元素表示,大量的数据集合构成数据图像,同时将数据的各个属性值以多维数据的形式表示,可以从不同的维度观察数据,从而对数据进行更深入的观察和分析。而使用可视化技术可以将处理结果通过图形方式直观地呈现给用户,如标签云、历史流、空间信息等;人机交互技术可以引导用户对数据进行逐步分析,参与并理解数据分析结果。

1.1.6 大数据的数据格式

从 IT 角度来看,信息结构类型大致经历了三个阶段。必须注意的是,旧的阶段仍在不断发展,如关系数据库的使用,因此三种数据结构类型一直存在,只是在不同阶段,其中一种结构类型主导其他结构。

(1)结构化信息:这种信息可以在关系数据库中找到,多年来一直主导着 IT 应用,是关键任务 OLTP 系统业务所依赖的信息。另外,这种信息还可对结构数据库信息进行排序和查询。

（2）半结构化信息：包括电子邮件、文字处理文件及大量保存和发布在网络上的信息。半结构化信息是以内容为基础的，可以用于搜索，这也是 Google（谷歌）等搜索引擎存在的理由。

（3）非结构化信息：该信息在本质形式上可认为主要是位映射数据。数据必须处于一种可感知的形式中（如可在音频、视频和多媒体文件中被听到或看到）。许多大数据都是非结构化的，其庞大规模和复杂性需要高级分析工具来创建，或利用一种更易于人们感知和交互的结构。

1.1.7　大数据的基本特征

从各种各样类型的数据中，快速获得有价值信息的能力，就是大数据技术。

大数据呈现出"4V1O"的特征，具体如下：

（1）数据量大（Volume）是大数据的首要特征，包括采集、存储和计算的数据量非常大。大数据的起始计量单位至少是 100 TB。通过各种设备产生的海量数据，其数据规模极为庞大，远大于目前互联网上的信息流量，PB 级别将是常态。

（2）多样化（Variety）表示大数据种类和来源多样化，具体表现为网络日志、音频、视频、图片、地理位置信息等多类型的数据。多样化对数据的处理能力提出了更高的要求，其编码方式、数据格式、应用特征等多个方面都存在差异性，多信息源并发形成了大量的异构数据。

（3）数据价值密度化（Value）表示大数据价值密度相对较低，需要很多的过程才能挖掘出来。随着互联网和物联网的广泛应用，信息感知无处不在，信息量大，但价值密度较低。结合业务逻辑并通过强大的机器算法挖掘数据价值，是大数据时代最需要解决的问题。

（4）速度快，时效高（Velocity）。随着互联网的发展，数据的增长速度非常快，处理速度也较快，时效性要求也更高。例如，搜索引擎要求几分钟前的新闻能够被用户查询到，个性化推荐算法要求实时完成推荐，这些都是大数据区别于传统数据挖掘的显著特征。

（5）数据是在线的（On-Line），表示数据必须随时能调用和计算。这是大数据区别于传统数据的最大特征。现在谈到的大数据不仅大，更重要的是数据是在线的，这是互联网高速发展的特点和趋势。例如好大夫在线，患者的数据和医生的数据都是实时在线的，这样的数据才有意义。如果把它们放在磁盘中或者是离线的，则显然远远不及在线的商业价值大。

总之，大数据时代已经到来，并快速渗透到每个职能领域，如何借助大数据持续创新发展，使企业成功转型，具有非凡的意义。

1.1.8　大数据的应用领域

大数据在社会生活的各个领域得到了广泛的应用，如科学计算、金融、社交网络、移动数据、物联网、医疗、网页数据、多媒体、网络日志、RFID 传感器、社会数据、互联网文本和文件、互联网搜索索引、呼叫详细记录、天文学、大气科学、基因组学、生物和其他复杂或跨学科的科研、军事侦察、医疗记录、摄影档案馆视频档案、大规模的电子商务等。不同领域的大数据应用具有不同特点,其响应时间、稳定性、精确性的要求各不相同,解决方案也层出不穷,其中最具代表性的有 Informatica Cloud 解决方案、IBM 战略、Microsoft 战略、京东框架结构等,对此将在后续章节中讨论。

1.2 大数据的技术架构

各种各样的大数据应用迫切需要新的工具和技术来存储、管理和实现商业价值。新的工具、流程和方法支撑起了新的技术架构,使企业能够建立、操作和管理这些超大规模的数据集和数据存储环境。

大数据的分析能以新视角挖掘企业传统数据,并带来传统上未曾分析过的数据洞察力。大数据一般采用四层堆栈技术架构,如图 1 - 2 所示。

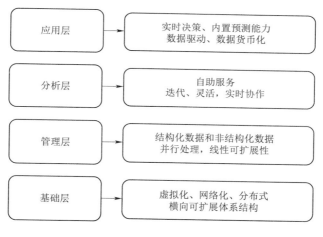

图 1 - 2　四层堆栈式技术架构

1. 基础层

第一层作为整个大数据技术架构基础的底层,也是基础层。要实现大数据规模的应用,企业需要一个高度自动化的、可横向扩展的存储和计算平台。这个基础设施需要从以前的存储孤岛发展为具有共享能力的高容量存储池。容量、性能和吞吐量必须可以线性扩展。

2. 管理层

大数据要支持在多源数据上做深层次的分析,在技术架构中需要一个管理平台,即管理层使结构化和非结构化数据管理为一体,具备实时传送和查询、计算功能。本层既包括数据的存储和管理,也涉及数据的计算。并行化和分布式是大数据管理平台必须考虑的要素。

3. 分析层

大数据应用需要大数据分析。分析层提供基于统计学的数据挖掘和机器学习算法，用于分析和解释数据集，帮助企业获得深入的数据价值领悟。可扩展性强、使用灵活的大数据分析平台更可成为数据科学家的利器，起到事半功倍的效果。

4. 应用层

大数据的价值体现在帮助企业进行决策和为终端用户提供服务的应用。不同的新型商业需求驱动了大数据的应用。反之，大数据应用为企业提供的竞争优势使企业更加重视大数据的价值。新型大数据应用不断对大数据技术提出新的要求，大数据技术也因此在不断的发展变化中日趋成熟。

1.3 大数据的整体技术

大数据需要特殊的技术，以有效地处理在允许时间范围内的大量数据。适用于大数据的技术，包括大规模并行处理（MPP）数据库、数据挖掘电网、分布式文件系统、分布式数据库、云计算平台、互联网和可扩展的存储系统。

大数据的整体技术一般包括数据采集、数据存取、基础架构、数据处理、统计分析、数据挖掘、模型预测和结果呈现等。它是传统方法和新的解决途径的完美结合。

（1）数据采集：将分布的、异构数据源中的数据（如关系数据、平面数据文件等）抽取到临时中间层后进行清洗、转换、集成，最后加载到数据仓库或数据集市中，成为联机分析处理、数据挖掘的基础。

（2）数据存取：关系数据库、NoSQL、SQL 等。

（3）基础架构：云存储、分布式文件存储等。

（4）数据处理：主要指自然语言处理（Natural Language Processing，NLP），它是研究人与计算机交互的语言问题的一门学科。

（5）统计分析：包括假设检验、显著性检验、差异分析、相关分析、T 检验、方差分析、卡方分析、偏相关分析、距离分析、回归分析、简单回归分析、多元回归分析、逐步回归、回归预测与残差分析、岭回归、Logistic 回归分析、曲线估计、因子分析、聚类分析、主成分分析、快速聚类法与聚类法、判别分析、对应分析、多元对应分析（最优尺度分析）、Bootstrap 技术等。

（6）数据挖掘：相对传统的数据挖掘，大数据挖掘需要挑战一些新技术，如通过分布式计算、内存计算和列存储等技术来处理大数据量情况的计算。前端展示分析和挖掘过程类似，唯一不同的是后台的高性能计算能力。

（7）模型预测：包括预测模型、机器学习、建模仿真等。

（8）结果呈现：包括云计算、标签云、关系图等。

1.4 大数据分析的四种典型工具简介

大数据分析是在研究大量的数据的过程中寻找模式、相关性和其他有用的信息，以帮助企业更好地适应变化，并做出更明智的决策。

1. Hadoop

Hadoop 是一个能够对大量数据进行分布式处理的软件框架，是一个能够让用户轻松架构和使用的分布式计算平台。用户可以轻松地在 Hadoop 上开发和运行处理海量数据的应用程序。

Hadoop 带有用 Java 编写的框架，因此运行在 Linux 平台上是非常理想的。Hadoop上的应用程序也可以使用其他语言编写，如 C++。

2. Spark

Spark 是一个基于内存计算的开源集群计算系统，目的是更快速地进行数据分析。Spark 由加州伯克利大学 AMP 实验室 Matei 为主的小团队使用 Scala 开发，其核心部分的代码只有 63 个 Scala 文件，非常轻量级。Spark 提供了与 Hadoop 相似的开源集群计算环境，但基于内存和迭代优化的设计，Spark 在某些工作负载表现更优秀。

3. Storm

Storm 是一种开源软件，一个分布式、容错的实时计算系统。Storm 可以非常可靠地处理庞大的数据流，用于处理 Hadoop 的批量数据。Storm 很简单，支持许多种编程语言，使用起来非常有趣。Storm 由 Twitter 开源而来，其他知名的应用企业包括 Groupon、淘宝、支付宝、阿里巴巴、乐元素、Admaster 等。

4. Apache Drill

为了帮助企业用户寻找更为有效、加快 Hadoop 数据查询的方法，Apache 软件基金会发起了一项名为 Drill 的开源项目。

Drill 项目其实也是从 Google 的 Dremel 项目中获得灵感的，该项目帮助 Google 实现海量数据集的分析处理，包括分析抓取 Web 文档、跟踪安装在 Android Market 上的应用程序数据、分析垃圾邮件、分析 Google 分布式构建系统上的测试结果等。

通过开发 Apache Drill 开源项目，组织机构将有望建立 Drill 所属的 API 接口和灵活强大的体系架构，从而帮助支持广泛的数据源、数据格式和查询语言。

1.5 大数据未来发展趋势

大数据逐渐成为人们生活的一部分，它既是一种资源，又是一种工具，让人们更好地探索世界和认识世界。大数据提供的并不是最终答案，只是参考答案，它为人们提供的是暂时帮助，以便等待更好的方法和答案出现。

1.5.1　数据资源化

资源化是指大数据成为企业和社会关注的重要战略资源，并已成为大家争抢的新焦点，数据将逐渐成为最有价值的资产。

随着大数据应用的发展，大数据资源成为重要的战略资源，数据成为新的战略制高点。资源不仅仅只是指看得见、摸得着的实体，如煤、石油、矿产等，大数据已经演变成不可或缺的资源。《华尔街日报》在题为《大数据，大影响》的报告中提到，数据就像货币或者黄金一样，已经成为一种新的资产类别。

大数据作为一种新的资源，具有其他资源所不具备的优点，如数据的再利用、开放性、可扩展性和潜在价值。数据的价值不会随着它的使用而减少，而是可以不断地被处理和利用。

1.5.2　数据科学和数据联盟的成立

1. 催生新的学科和行业

数据科学将成为一门专门的学科，被越来越多的人所认知。越来越多的高校开设了与大数据相关的学科课程，为市场和企业培养大数据相关人才。

一个新行业的出现，必将会增加工作职位的需求，大数据催生了一批与之相关的新的就业岗位。例如，大数据分析师、大数据算法工程师、数据产品经理、数据管理专家等。因此，具有丰富经验的大数据相关人才将成为稀缺资源。

2. 数据共享

大数据相关技术的发展，将会创造出一些新的细分市场。针对不同的行业将会出现不同的分析技术。但是对于大数据来说，数据的多少虽然不意味着价值更高，但是数据越多对一个行业的分析价值越有利。

以医疗行业为例，如果每个医院想要获得更多病情特征库及药效信息，就需要对数据进行分析，这样经过分析之后就能从数据中获得相应的价值。如果想获得更多的价值，就需要对全国甚至全世界的医疗信息进行共享。只有这样才能通过对整个医疗平台的数据进行分析，获取更准确更有利的价值。因此，数据可能成为一种共享的趋势。

1.5.3　大数据隐私和安全问题

1. 大数据引发个人隐私、企业和国家安全问题

大数据时代将引发个人隐私安全问题。在大数据时代，用户的个人隐私数据可能在不经意间就被泄露。例如，网站密码泄露、系统漏洞导致用户资料被盗、手机里的 APP 暴露用户的个人信息等。在大数据领域，一些用户认为根本不重要的信息很有可能暴露用户的近期状况，带来安全隐患。

大数据时代，企业将面临信息安全的挑战。企业不仅要学习如何挖掘数据价值，还要考虑如何应对网络攻击、数据泄露等安全风险，并且建立相关的预案。在企业用数据挖掘和数据分析获取商业价值的同时，黑客也利用这些数据技术向企业发起攻击。因此，企业必须制定相应的策略来应对大数据带来的信息安全挑战。

大数据时代,大数据安全应该上升为国家安全。数据安全的威胁无处不在。国家的基础设施和重要机构所保存的大数据信息,如与石油、天然气管道、水电、交通、军事等相关的数据信息,都有可能成为黑客攻击的目标。

2. 正确合理利用大数据,促进大数据产业的健康发展

大数据时代,必须对数据安全和隐私进行有效的保护,具体方法如下。

(1)从用户的角度,积极探索,加大个人隐私保护力度。数据来源于互联网上无数用户产生的数据信息,因此,建议用户在运用互联网或者APP时保持高度警惕。

(2)从法律的角度,提高安全意识,及时出台相关政策,制定相关政策法规,完善立法。国家需要有专门的法规来为大数据的发展扫除障碍,必须健全大数据隐私和安全方面的法律法规。

(3)从数据使用者角度,数据使用者要以负责的态度使用数据,需要把进行隐私保护的责任从个人转移到数据使用者身上。政府和企业的信息化建设必须拥有统一的规划和标准,只有这样才能有效地保护公民和企业隐私。

(4)从技术角度,加快数据安全技术研发。尤其应加强云计算安全研究,保障云安全。

1.5.4　开源软件成为推动大数据发展的动力

大数据获得动力的关键在于开放源代码,帮助分解和分析数据。开源软件的盛行不会抑制商业软件的发展,相反,开源软件将会给基础架构硬件、应用程序开发工具、应用服务等各个方面相关领域带来更多的机会。

从技术的潮流来看,无论是大数据还是云计算,推动技术发展的主要力量都来源于开源软件。使用开源软件有诸多的优势,之所以这么说,是因为开源的代码很多人在看、在维护、在检查。了解开源软件和开源模式,将成为一个重要的趋势。

1.5.5　大数据在多方位改善人们的生活

大数据作为一种重要的战略资产,已经不同程度地渗透到每个行业领域和部门。现在,通过大数据的力量,用户希望掌握真正的便捷信息,从而让生活更有趣。

例如,在医疗卫生行业,能够利用大数据避免过度治疗、减少错误治疗和重复治疗,从而降低系统成本,提高工作效率,改进和提升治疗质量;在健康方面,可以利用智能手环来对睡眠模式进行检测和追踪,用智能血压计来监控老人的身体状况。在交通方面,可以通过智能导航GPS数据来了解交通状况,并根据交通拥挤情况及时调整路径。同时,大数据也将成为智能家居的核心。

大数据也将促进智慧城市的发展,是智慧城市的核心引擎。智慧医疗、智慧交通、智慧安防等,都是以大数据为基础的智慧城市的应用领域。大数据将多方位改善人们的生活。

本章小结

近年来大数据应用带来了令人瞩目的成绩。作为新的重要资源，世界各国都在加快大数据的战略布局，制定战略规划。

目前我国大数据产业还处于发展初期，市场规模仍然比较小，2012 年仅为 4.5 亿元，而且主导厂商仍以外企居多。据统计，2016 年我国大数据应用的整体市场规模突破百亿元量级，未来将形成全球最大的大数据产业带。

总而言之，大数据技术的发展必将解开宇宙起源的奥秘和对人类社会未来发展的趋势有推动作用。

【注释】

1. 联机事物处理系统（On-Line Transaction Processing，OLTP）：也称面向交易的处理系统，其基本特征是顾客的原始数据可以立即传送到计算中心进行处理，并在很短的时间内给出处理结果。

2. 电磁兼容性（Electromagnetic Compatibility，EMC）：是指设备或系统在其电磁环境中符合要求运行并不对其环境中的任何设备产生无法忍受的电磁骚扰的能力。

3. 互联网数据中心（Internet Data Center，IDC）：就是电信部门利用已有的互联网通信线路、带宽资源，建立标准化的电信专业级机房环境，为企业、政府提供服务器托管、租用以及相关增值等方面的全方位服务。

4. ETL（Extraction-Transformation-Loading）：即数据抽取（Extract）、转换（Transform）、装载（Load）的过程，它是构建数据仓库的重要环节。ETL 是将业务系统的数据经过抽取、清洗转换之后加载到数据仓库的过程，目的是将企业中的分散、零乱、标准不统一的数据整合到一起，为企业决策提供分析依据。

5. NewSQL：是对各种新的可扩展/高性能数据库的简称，这类数据库不仅具有NoSQL对海量数据的存储管理能力，还保持了传统数据库支持 ACID 和 SQL 等特性。NewSQL是指这样一类新式的关系型数据库管理系统，针对 OLTP（读 - 写）工作负载，追求提供和NoSQL 系统相同的扩展性能，且仍然保持 ACID 和 SQL 等特性。

6. ACID：指数据库事务正确执行的四个基本要素的缩写，包含原子性（Atomicity）、一致性（Consistency）、隔离性（Isolation）、持久性（Durability）。一个支持事务（Transaction）的数据库必须具有这四种特性，否则在事务过程当中无法保证数据的正确性，交易过程极可能达不到交易方的要求。

习 题 1

一、填空题

1. 大数据的首要特征是指数据量大，起始计量单位至少是_____，_____级别将是常态。

2. 大数据的数据结构特征包括_____。

3. 大数据的数据来源非常多,主要有_____。

4. 自从数据库技术诞生以来,生产数据的三个主要方式分别是_____。

5. 大数据的特点可以概括为四个方面:_____。

6. 大数据处理的最基本流程可概括为三个阶段:_____。

7. 大数据呈现出的"4V1O"特征是_____。

8. 大数据的四层堆栈式技术架构中的四层是_____。

9. 大数据处理整体技术一般包括_____。

10. 大数据处理分析的四种典型工具是_____。

二、简答题

1. 简述大数据和传统数据的区别。

2. 简述大数据的应用领域(五个以上)。

3. 简述大数据技术架构。

第 2 章

大数据采集及预处理 <<<

>>> 导学

【内容与要求】

本章主要介绍大数据中数据采集的概念、数据采集的数据来源和技术方法,数据预处理的方法,以及数据采集及预处理的主要工具。

"数据采集简介"一节介绍数据采集的基本概念、数据采集的数据来源,以及数据采集的技术方法。

"大数据的预处理"一节要求读者了解数据预处理的方法,包括数据清洗、数据集成、数据变换和数据规约。

"大数据采集及预处理的主要工具"一节要求读者了解常用工具,包括 Flume、Logstash、Kibana 和 Ceilometer 等。

【重点与难点】

本章的重点是数据采集的概念、数据来源和技术方法;本章的难点是数据预处理的方法。

相较于统的数据采集,大数据采集需要挑战一些新技术,如通过分布式计算、内存计算和列存储等技术来处理大数据量情况的计算。前端展示分析和挖掘过程类似,唯一不同的是后台的高性能计算能力。

大数据环境下,数据的来源、种类非常多。其中对数据存储和处理的需求量大,数据表达的要求高,因此数据处理的高效性与可用性非常重要。为此,必须在数据的源头即数据采集上把好关,其中数据源的选择和原始数据的采集方法是大数据采集的关键。本章将着重介绍大数据的采集和预处理。

2.1 数据采集简介

2.1.1 数据采集

大数据的数据采集是在确定用户目标的基础上,针对该范围内所有结构化、半结构化和非结构化的数据的采集。采集后对这些数据进行处理,从中分析和挖掘出有价值的信息。在大数据的采集过程中,其主要特点和面临的挑战是成千上万的用户同时进行访问和操作而引起的高并发数。如 12306 火车票售票网站在 2015 年春运火车票售卖的最高峰时,网站访问量(PV 值)在一天之内达到破纪录的 297 亿次。

在专家指导下,利用高性能计算体系结构,进行的成指数增长的数据采集,是一个不断增长的分析大数据的过程。高性能的数据采集和数据分析,展示了高性能计算的最新趋势,既全面可视化图形体系结构。主要包括大数据、高性能计算分析、大规模并行处理数据库、内存分析、实现大数据平台的机器学习算法、文本分析、分析环境、分析生命周期和一般应用,以及各种不同的情况。提供保险的业务分析、预测建模和基于事实的管理,包括案例,研究和探讨高性能计算架构相关数据和发展趋势。

大数据出现之前,计算机所能够处理的数据都需要在前期进行相应的结构化处理,并存储在相应的数据库中。但大数据技术对于数据的结构要求大大降低,互联网上人们留下的社交信息、地理位置信息、行为习惯信息、偏好信息等各种维度的信息都可以实时处理,传统的数据采集与大数据的数据采集对比如表 2 – 1 所示。

表 2 – 1 传统的数据采集与大数据的数据采集对比

对比分类	传统的数据采集	大数据的数据采集
数据来源	来源单一,数据量相对大数据较小	来源广泛,数据量巨大
数据类型	结构单一	数据类型丰富,包括结构化、半结构化、非结构化
数据处理	关系型数据库和并行数据仓库	分布式数据库

2.1.2 数据采集的数据来源

按照数据来源划分,大数据的三大主要来源为商业数据、互联网数据与物联网数据。

1. 商业数据

商业数据是指来自于企业 ERP 系统、各种 POS 终端及网上支付系统等业务系统的数据,是现在最主要的数据来源渠道。

世界上最大的零售商沃尔玛每小时收集到 2.5 PB 数据,存储的数据量是美国国会图书馆的 167 倍。沃尔玛详细记录了消费者的购买清单、消费额、购买日期、购买当天天气和气温,通过对消费者的购物行为等非结构化数据进行分析,发现商品关联,并优化商品陈列。沃尔玛不仅采集这些传统商业数据,还将数据采集的触角伸入到了社交网络数据。当用户在 Facebook 和 Twitter 谈论某些产品或者表达某些喜好时,这些数据都会被沃尔玛记录下来并加以利用。

2．互联网数据

互联网数据是指网络空间交互过程中产生的大量数据,包括通信记录及 QQ、微信、微博等社交媒体产生的数据,其数据复杂且难以被利用。例如,社交网络数据所记录的大部分是用户的当前状态信息,同时记录着用户的年龄、性别、所在地、教育、职业和兴趣等。

互联网数据具有大量化、多样化、快速化等特点。

(1)大量化:在信息化时代背景下网络空间数据增长迅猛,数据集合规模已实现从 GB 到 PB 的飞跃,互联网数据则需要通过 ZB 表示。在未来互联网数据的发展中还将实现近 50 倍的增长,服务器数量也将随之增长,以满足大数据存储。

(2)多样化:互联网数据的类型多样化。互联网数据中的非结构化数据正在飞速增长,据相关调查统计,在 2012 年底非结构化数据在网络数据总量中占 77% 左右。非结构化数据的产生与社交网络以及传感器技术的发展有着直接联系。

(3)快速化:互联网数据一般情况下以数据流形式快速产生,且具有动态变化性特征,其时效性要求用户必须准确掌握互联网数据流才能更好地利用这些数据。

3．物联网数据

物联网是指在计算机互联网的基础上,利用射频识别、传感器、红外感应器、无线数据通信等技术,构造一个覆盖世界上万事万物的 The Internet of Things,也就是"实现物物相连的互联网络"。其内涵包含两方面:一是物联网的核心和基础仍是互联网,是在互联网基础之上延伸和扩展的一种网络;二是其用户端延伸和扩展到了任何物品与物品之间,进行信息交换和通信。物联网的定义是:通过射频识别(Radio Frequency Identification, RFID)装置、传感器、红外感应器、全球定位系统、激光扫描器等信息传感设备,按约定的协议,把任何物品与互联网相连接,以进行信息交换和通信,从而实现智慧化识别、定位、跟踪、监控和管理的一种网络体系。

物联网数据是除了人和服务器之外,在射频识别、物品、设备、传感器等结点产生的大量数据。包括射频识别装置、音频采集器、视频采集器、传感器、全球定位设备、办公设备、家用设备和生产设备等产生的数据。物联网数据的特点主要包括:

(1)物联网中的数据量更大。物联网的最主要特征之一是结点的海量性,其数量规模远大于互联网;物联网结点的数据生成频率远高于互联网,如传感器结点多数处于全时工作状态,数据流是持续的。

(2)物联网中的数据传输速率更高。由于物联网与真实物理世界直接关联,很多情况下需要实时访问、控制相应的结点和设备,因此需要高数据传输速率来支持。

(3)物联网中的数据更加多样化。物联网涉及的应用范围广泛,包括智慧城市、智慧交通、智慧物流、商品溯源、智能家居、智慧医疗、安防监控等;在不同领域、不同行业,需要面对不同类型、不同格式的应用数据,因此物联网中数据多样性更为突出。

(4)物联网对数据真实性的要求更高。物联网是真实物理世界与虚拟信息世界的结合,其对数据的处理以及基于此进行的决策将直接影响物理世界,物联网中数据的真实性显得尤为重要。

以智能安防应用为例,智能安防行业已从大面积监控布点转变为注重视频智能预警、分析和实战,利用大数据技术从海量的视频数据中进行规律预测、情境分析、串并侦查、时空分析等。在智能安防领域,数据的产生、存储和处理是智能安防解决方案的基础,只有采集足够有价值的安防信息,通过大数据分析以及综合研判模型,才能制定智能安防决策。

所以,在信息社会中,几乎所有行业的发展都离不开大数据的支持。

2.1.3 数据采集的技术方法

数据采集技术是信息科学的重要组成部分,已广泛应用于国民经济和国防建设的各个领域,并且随着科学技术的发展,尤其是计算机技术的发展与普及,数据采集技术具有更广阔的发展前景。大数据的采集技术为大数据处理的关键技术之一。

1. 系统日志采集方法

很多互联网企业都有自己的海量数据采集工具,多用于系统日志采集,如 Hadoop 的 Chukwa、Cloudera 的 Flume、Facebook 的 Scribe 等。这些系统采用分布式架构,能满足每秒数百 MB 的日志数据采集和传输需求。例如,Scribe 是 Facebook 开源的日志收集系统,能够从各种日志源上收集日志,存储到一个中央存储系统(可以是 NFS、分布式文件系统等)上,以便于进行集中统计分析处理。它为日志的"分布式收集,统一处理"提供了一个可扩展的、高容错的方案。

2. 对非结构化数据的采集

非结构化数据的采集包括企业内部数据的采集和网络数据采集等。

企业内部数据的采集是对企业内部各种文档、视频、音频、邮件、图片等数据格式之间互不兼容的数据采集,具体采集(解决)方案详见第 11 章。

网络数据采集是指通过网络爬虫或网站公开 API 等方式从网站上获取互联网中相关网页内容的过程,并从中抽取出用户所需要的属性内容。互联网网页数据处理,就是对抽取出来的网页数据进行内容和格式上的处理、转换和加工,使之能够适应用户的需求,并将之存储下来,供以后使用。该方法可以将非结构化数据从网页中抽取出来,将其存储为统一的本地数据文件,并以结构化的方式存储。它支持图片、音频、视频等文件或附件的采集,附件与正文可以自动关联。除了网络中包含的内容之外,对于网络流量的采集可以使用 DPI 或 DFI 等带宽管理技术进行处理。

网络爬虫是一种按照一定的规则,自动地抓取万维网信息的程序或者脚本。它是一个自动提取网页的程序,为搜索引擎从万维网上下载网页,是搜索引擎的重要组成部分。

目前网络数据采集的关键技术为链接过滤,其实质是判断一个链接(当前链接)是不是在一个链接集合(已经抓取过的链接)里。在对网页大数据的采集中,可以采用布隆过滤器(Bloom Filter)来实现对链接的过滤。

3. 其他数据采集方法

对于企业生产经营数据或学科研究数据等保密性要求较高的数据,可以通过与企业或研究机构合作,使用特定系统接口等相关方式采集数据。

尽管大数据技术层面的应用可以无限广阔,但由于受到数据采集的限制,能够用于商业应用、服务于人们的数据要远远小于理论上大数据能够采集和处理的数据。因此,解决大数据的隐私问题是数据采集技术的重要目标之一。现阶段的医疗机构数据更多来源于内部,外部的数据没有得到很好的应用。对于外部数据,医疗机构可以考虑借助如百度、阿里、腾讯等第三方数据平台解决数据采集难题。

2.2 大数据的预处理

要对海量数据进行有效的分析,应该将这些来自前端的数据导入一个集中的大型分布式数据库,或者分布式存储集群,并且可以在导入基础上做一些简单的清洗和预处理工作。导入与预处理过程的特点和挑战主要是导入的数据量大,通常用户每秒的导入量会达到百兆,甚至千兆级别。

大数据的多样性决定了经过多种渠道获取的数据种类和数据结构都非常复杂,这就给之后的数据分析和处理带来了极大的困难。通过大数据的预处理这一步骤,将这些结构复杂的数据转换为单一的或便于处理的结构,可以为以后的数据分析打下良好的基础。由于所采集的数据里并不是所有的信息都是必需的,而是掺杂了很多噪声和干扰项,因此还需要对这些数据进行“去噪”和“清洗”,以保证数据的质量和可靠性。常用的方法是在数据处理的过程中设计一些数据过滤器,通过聚类或关联分析的规则方法将无用或错误的离群数据挑出来过滤掉,防止其对最终数据结果产生不利影响,然后将这些整理好的数据进行集成和存储。现在一般的解决方法是针对特定种类的数据信息分门别类地放置,可以有效地减少数据查询和访问的时间,提高数据提取速度。大数据处理流程如图 2-1 所示。

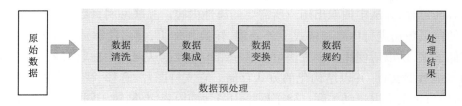

图 2-1 大数据处理流程

大数据预处理的方法主要包括数据清洗、数据集成、数据变换和数据规约。

1. **数据清洗**

数据清洗是在汇聚多个维度、多个来源、多种结构的数据之后,对数据进行抽取、转换和集成加载。在这个过程中,除了更正、修复系统中的一些错误数据之外,更多的是对数据进行归并整理,并存储到新的存储介质中。

常见的数据质量问题可以根据数据源的多少和所属层次分为四类。

(1)单数据源定义层:违背字段约束条件(日期出现 1 月 0 日)、字段属性依赖冲突

（两条记录描述同一个人的某一个属性,但数值不一致）、违反唯一性（同一个主键 ID 出现了多次）。

　　（2）单数据源实例层:单个属性值含有过多信息、拼写错误、空白值、噪声数据、数据重复、过时数据等。

　　（3）多数据源的定义层:同一个实体的不同称呼（笔名和真名）、同一种属性的不同定义（字段长度定义不一致、字段类型不一致等）。

　　（4）多数据源的实例层:数据的维度、粒度不一致（有的按 GB 记录存储量,有的按 TB 记录存储量;有的按照年度统计,有的按照月份统计）、数据重复、拼写错误。

　　此外,还有在数据处理过程中产生的"二次数据",包括数据噪声、数据重复或错误的情况。数据的调整和清洗涉及格式、测量单位和数据标准化与归一化。数据不确定性有两方面含义,数据自身的不确定性和数据属性值的不确定性。前者可用概率描述;后者有多重描述方式,如描述属性值的概率密度函数,以方差为代表的统计值等。

　　大数据的清洗工具主要有 DataWrangler 和 Google Refine 等。DataWrangle 是一款由斯坦福大学开发的在线数据清洗、数据重组软件,主要用于去除无效数据,将数据整理成用户需要的格式等。Google RefineRefine 设有内置算法,可以发现一些拼写不一样但实际上应分为一组的文本。除了数据管家功能,Google Refine 还提供了一些有用的分析工具,例如排序和筛选。

　　2. 数据集成

　　在大数据领域中,数据集成技术也是实现大数据方案的关键组件。大数据集成是将大量不同类型的数据原封不动地保存在原地,而将处理过程适当地分配给这些数据。这是一个并行处理的过程,当在这些分布式数据上执行请求后,需要整合并返回结果。

　　大数据集成,狭义上讲是指如何合并规整数据;广义上讲是指数据的存储、移动、处理等与数据管理有关的活动。大数据集成一般需要将处理过程分布到源数据上进行并行处理,并仅对结果进行集成。这是因为,如果预先对数据进行合并会消耗大量的处理时间和存储空间。集成结构化、半结构化和非结构化的数据时需要在数据之间建立共同的信息联系,这些信息可以表示为数据库中的主数据或者键值、非结构化数据中的元数据标签或者其他内嵌内容。

　　目前,数据集成已被推至信息化战略规划的首要位置。要实现数据集成的应用,不仅要考虑集成的数据范围,还要从长远发展角度考虑数据集成的架构、能力和技术等方面内容。

　　3. 数据变换

　　数据变换是将数据转换成适合挖掘的形式。数据变换是采用线性或非线性的数学变换方法将多维数据压缩成较少维数的数据,消除它们在时间、空间、属性及精度等特征表现方面的差异。

　　4. 数据规约

　　数据规约是从数据库或数据仓库中选取并建立使用者感兴趣的数据集合,然后从数据集合中滤掉一些无关、偏差或重复的数据。

2.3　数据采集及预处理的主要工具

本节主要介绍大数据采集及预处理时的一些主要工具。随着国内大数据战略越来越清晰,数据抓取和信息采集产品迎来了巨大的发展机遇,采集产品数量也出现迅猛增长。然而与产品种类快速增长相反的是,信息采集技术相对薄弱、市场竞争激烈、质量良莠不齐。下面介绍当前信息采集和数据抓取的一些主流产品。

1. Flume

Flume 是 Cloudera 提供的一个高可用的、高可靠的、分布式的海量日志采集、聚合和传输的系统。Flume 支持在日志系统中定制各类数据发送方,用于收集数据;同时,Flume 提供对数据进行简单处理,具有写到各种数据接收方(可定制)的能力。

Flume 提供了从 Console(控制台)、RPC(Thrift – RPC)、Text(文件)、Tail(UNIX Tail)、Syslog(Syslog 日志系统,支持 TCP 和 UDP 等两种模式),Exec(命令执行)等数据源上收集数据的能力。

官网:http://flume. apache. org/,如图 2 – 2 所示。

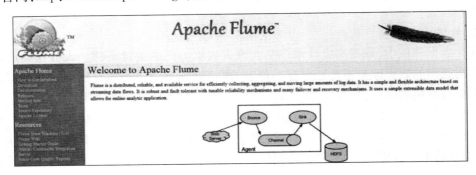

图 2 – 2　Flume 官方网页图

2. Logstash

Logstash 是一个应用程序日志、事件的传输、处理、管理和搜索的平台。可以用它来统一对应用程序日志进行收集管理,提供 Web 接口用于查询和统计。它可以对日志进行收集、分析,并将其存储供以后使用(如搜索)。Logstash 带有一个 Web 界面,搜索和展示所有日志。

官网:http://www. logstash. net/,如图 2 – 3 所示。

图 2 – 3 Logstash 官方网页图

3. Kibana

Kibana 是一个为 Logstash 和 ElasticSearch 提供用于日志分析的 Web 接口。可使用它对日志进行高效的搜索、可视化、分析等各种操作。Kibana 也是一个开源和免费的工具，它可以汇总、分析和搜索重要数据日志并提供友好的 Web 界面。

主页：http://kibana.org/，如图 2-4 所示。

图 2-4　Kibana 官方网页图

4. Ceilometer

Ceilometer 主要负责监控数据的采集，是 OpenStack 中的一个子项目，它像一个漏斗一样，能把 OpenStack 内部发生的几乎所有的事件都收集起来，然后为计费和监控以及其他服务提供数据支撑。

官方网站：http://docs.openstack.org/，如图 2-5 所示。

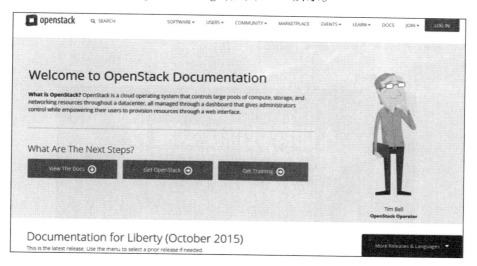

图 2-5　OpenStack 官方网页图

5. 乐思网络信息采集系统

乐思网络信息采集系统的主要目标是解决网络信息采集和网络数据抓取问题。它根据用户自定义的任务配置，批量而精确地抽取因特网目标网页中的半结构化与非结构化数据，转化为结构化的记录，保存在本地数据库中，用于内部使用或外网发布，快速实现外部信息的获取。

官方网站：http://www.knowlesys.cn/index.html，如图 2-6 所示。

图 2 – 6　乐思网络信息采集系统官方网页图

6. 火车采集器

火车采集器是一款专业的网络数据采集/信息处理软件,通过灵活的配置,可以轻松迅速地从网页上抓取结构化的文本、图片、文件等资源信息,可编辑筛选处理后选择发布到网站后台,各类文件或其他数据库系统中。被广泛应用于数据采集挖掘、垂直搜索、信息汇聚和门户、企业网信息汇聚、商业情报、论坛或博客迁移、智能信息代理、个人信息检索等领域,适用于各类对数据有采集挖掘需求的群体。

官网:http://www.locoy.com/,如图 2 – 7 所示。

图 2 – 7　火车采集器官方网页图

7. 网络矿工

网络矿工是一款集互联网数据采集、清洗、存储、发布为一体的工具软件。它具有高效的采集性能,从网络获取最小的数据,从中提取需要的内容,优化核心匹配算法,存储最终的数据。网络矿工可按照用户数量授权,不绑定计算机,可随时切换计算机。

官网:http://www.minerspider.com/,如图 2 – 8 所示。

图2-8 网络矿工官方网页图

以上各采集工具均可进入官方网站下载免费版或试用版,或者根据用户需求购买专业版,以及向在线客服人员提出采集需求,采用付费方式由专业人员提供技术支持。下面以网络矿工举例,操作步骤如下:

(1)进入网络矿工官方网站,下载免费版,本例下载的是 sominerv 5.33(通常免费版有试用期限,一般为 30 天)。网络矿工的运行需要 . Net Framework 2.0 环境,建议使用 Firefox 浏览器。

(2)下载的压缩文件内包含多个可执行程序,其中 SoukeyNetget. exe 为网络矿工采集软件,运行此文件即可打开网络矿工,操作界面如图 2 -9 所示。

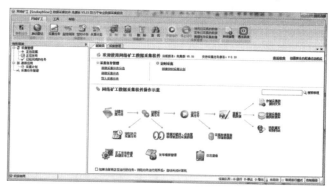

图2-9 网络矿工采集器操作界面

(3)单击"新建采集任务分类",在弹出的"新建任务类别"对话框中输入类别名称,并保存存储路径,如图 2 -10 所示。

图2-10 "新建任务类别"对话框

（4）在"新建任务管理"中，右击并选择"新建采集任务"命令，如图2－11所示。在弹出的"新建采集任务"对话框中输入任务名称，如图2－12所示。

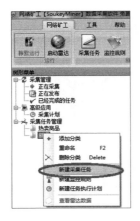

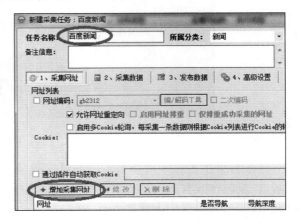

图2－11　新建采集任务　　　　　　　　　图2－12　输入任务名称

（5）在"新建采集任务"对话框中，单击"增加采集网址"按钮，在弹出的对话框中输入采集网址，如 http://news.baidu.com/。选中"导航采集"复选框，并单击"增加"按钮，如图2－13所示。

（6）在"导航页规则配置"对话框中，可选"前后标记配置""可视化配置"等单选按钮，如图2－14所示。

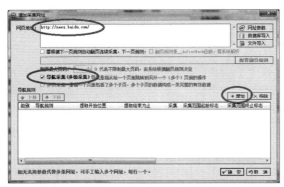

图2－13　"增加采集网址"对话框　　　　　图2－14　"导航页规则配置"对话框

（7）在"导航页规划配置"对话框中，单击"可视化提取"按钮，如图2－15所示。

图2－15　可视化配置

导航通常是通过一个地址导航多个地址,而 XPath 获取的是一个信息,所以可以通过 XPath 插入参数,将 XPath 列表进行多个地址的采集。单击"可视化提取"按钮,则会弹出 "可视化采集配置器"页面,单击工具栏中的"开始捕获"按钮,鼠标指针在页面滑动时,会 出现一个蓝色的边框,用蓝色的边框选中第一条新闻并单击,然后再选中最后一条新闻并 单击,系统会自动捕获导航规则,如图 2 – 16 所示。

图 2 – 16　可视化采集配置器

确定退出后,配置完成。选中刚才配置的网址,单击"测试网址解析"按钮,可以看到 系统已经将需要采集的新闻地址解析出来,表示配置成功。

(8)配置采集数据的规则。要采集新闻的正文、标题、发布时间,可以用三种方式来 完成:智能采集、可视化采集和规则配置。以智能采集为例,回到"新建采集任务"对话框 中,单击"采集数据"按钮,然后单击"配置助手"按钮,如图 2 – 17 所示。

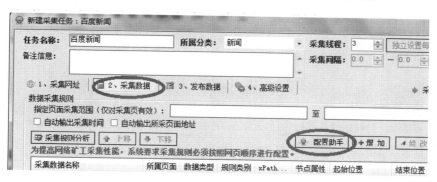

图 2 – 17　选择"采集数据"

在弹出的"采集规则自动化配置"中,在地址栏输入采集地址,同时单击"生成文章采 集规则"按钮,可以看到系统已经将文章的智能规则输入到系统中,单击"测试"按钮可以 检查采集结果是否正确,如图 2 – 18 所示。确定退出,即完成了配置。

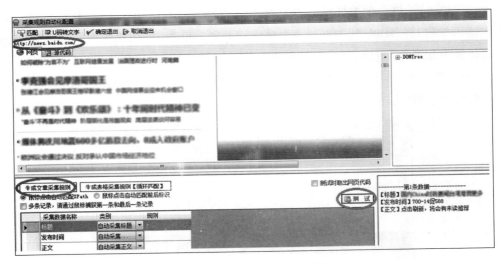

图 2 - 18　采集规则自动化配置

（9）单击"应用"按钮保存测试采集结果。在返回的"新建采集任务"对话框中，单击"采集任务测试"按钮，再单击"启动测试"按钮，如图 2 - 19 所示。

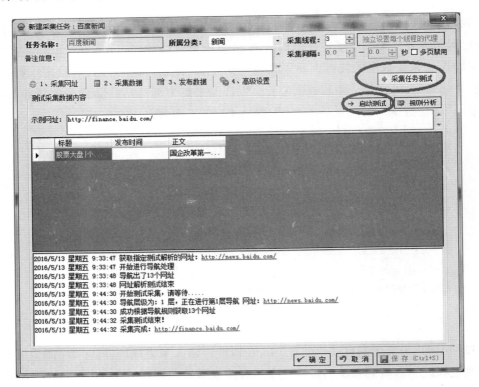

图 2 - 19　采集任务测试

（10）任务设置完成后，返回最初操作界面。选中任务并右击，选择"启动任务"命令，如图 2-20 所示,可看到下面屏幕滚动,停止后则采集完成。

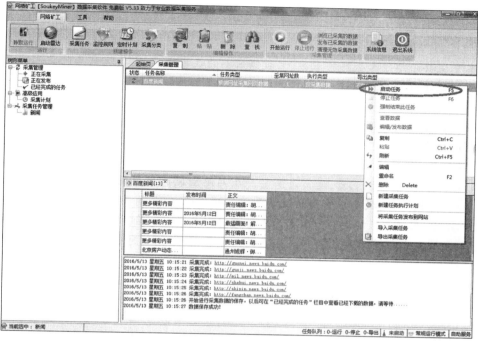

图 2-20　启动采集任务

(11)采集任务完成后,任务将以 . smt 文件形式保存在安装路径的 tasks 文件夹内。右击采集任务的名称,在弹出的快捷菜单中选择数据导出的格式,包括文本、Excel 和 Word 等,如图 2-21 所示。如选择"导出 Excel",导出结果如图 2-22 所示。

图 2-21　选择数据导出格式

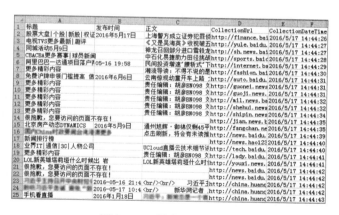

图 2-22　导出 Excel 结果

以上完成了一个简单的采集任务。以后可在"已经完成的任务"栏目中查看已经下载的数据,选中任务右键单击后也可以查看、编辑和发布数据等。

本章小结

本章主要介绍了大数据的采集、大数据采集的数据来源、大数据采集的技术方法和大数据的预处理,以及大数据采集与预处理的一些工具和简单的采集任务执行范例。大数据采集后,为了减少及避免后续的数据分析和数据挖掘中出现的问题,有必要对数据进行预处理。数据的预处理主要是完成对于已经采集到的数据进行适当的处理、清洗、去噪及进一步的集成存储。

【注释】

1. PV 值:即页面浏览量,通常是衡量一个网络新闻频道或网站甚至一条网络新闻的主要指标。网页浏览数是评价网站流量最常用的指标之一,简称 PV。

2. 并发:在操作系统中,是指一个时间段中有几个程序都处于已启动运行到运行完毕之间,且这几个程序都是在同一个处理机上运行,但任一个时刻点上只有一个程序在处理机上运行。

3. ERP(Enterprise Resource Planning,企业资源计划):是指建立在信息技术基础上,以系统化的管理思想,为企业决策层及员工提供决策运行手段的管理平台。

4. POS(Point Of Sale):是一种多功能终端,把它安装在信用卡的特约商户和受理网点中与计算机联成网络,就能实现电子资金自动转账。它具有支持消费、预授权、余额查询和转账等功能,使用起来安全、快捷、可靠。

5. 射频识别:又称无线射频识别,是一种通信技术,可通过无线电信号识别特定目标并读写相关数据,而无须识别系统与特定目标之间建立机械或光学接触。

6. URL(Uniform Resource Locator,统一资源定位符):是对可以从互联网上得到的资源的位置和访问方法的一种简洁的表示,是互联网上标准资源的地址。互联网上的每个文件都有一个唯一的 URL,它包含的信息指出文件的位置以及浏览器应该怎么处理它。

7. API(Application Programming Interface,应用程序编程接口):是一些预先定义的函数,目的是提供应用程序与开发人员基于某软件或硬件得以访问一组例程的能力,而又无须访问源码,或理解内部工作机制的细节。

8. DPI(Deep Packet Inspection,深度包检测):是一种基于应用层的流量检测和控制技术,当 IP 数据包、TCP 或 UDP 数据流通过基于 DPI 技术的带宽管理系统时,该系统通过深入读取 IP 包载荷的内容来对 OSI 七层协议中的应用层信息进行重组,从而得到整个应用程序的内容,然后按照系统定义的管理策略对流量进行整形操作。

9. DFI(Deep/DynamicFlow Inspection,深度/动态流检测):它与 DPI 进行应用层的载荷匹配不同,采用的是一种基于流量行为的应用识别技术,即不同的应用类型体现在会话连接或数据流上的状态各有不同。

10. 集群存储:是将多台存储设备中的存储空间聚合成一个能够给应用服务器提供统一访问接口和管理界面的存储池,应用可以通过该访问接口透明地访问和利用所有存储设备上的磁盘,可以充分发挥存储设备的性能和磁盘利用率。数据将会按照一定的规则从多台存储设备上存储和读取,以获得更高的并发访问性能。

11. 分布式处理：是将不同地点的，或具有不同功能的，或拥有不同数据的多台计算机通过通信网络连接起来，在控制系统的统一管理控制下，协调地完成大规模信息处理任务的计算机系统。

12. 分布式数据库：是指利用高速计算机网络将物理上分散的多个数据存储单元连接起来组成一个逻辑上统一的数据库。分布式数据库的基本思想是将原来集中式数据库中的数据分散存储到多个通过网络连接的数据存储结点上，以获取更大的存储容量和更高的并发访问量。

13. 布隆过滤器：是一个很长的二进制向量和一系列随机映射函数。布隆过滤器可以用于检索一个元素是否在一个集合中。它的优点是空间效率和查询时间都远远超过一般的算法，缺点是有一定的误识别率和删除困难。

14. OpenStack：是一个开源的云计算管理平台项目，由几个主要的组件组合起来完成具体工作。OpenStack 支持几乎所有类型的云环境，项目目标是提供实施简单、可大规模扩展、丰富、标准统一的云计算管理平台。

习 题 2

一、填空题

1. 大数据的数据采集是在确定用户目标的基础上，针对该范围内所有结构化、_____和非结构化的数据的采集。

2. 按照数据来源划分，大数据的三大主要来源为商业数据、_____与物联网数据。

3. _____是指网络空间交互过程中产生的大量数据，包括通信记录及 QQ、微信、微博等社交媒体产生的数据。

4. 互联网数据具有大量化、多样化、_____等特点。

5. 大数据技术在数据采集方面采用的方法分为系统日志采集方法、_____和其他数据采集方法。

6. _____是指在计算机互联网的基础上，利用射频识别、传感器、红外感应器、无线数据通信等技术，构造一个覆盖世界上万事万物的 The Internet of Things，也就是"实现物物相连的互联网络"。

7. 网络数据采集是指通过网络爬虫或_____等方式从网站上获取互联网中相关网页内容的过程，并从中抽取出用户所需要的属性内容。

8. 网络爬虫是一种按照一定的规则，自动地抓取_____的程序或者脚本。

9. 大数据预处理的方法主要包括：数据清洗、_____、数据变换和数据规约。

10. _____是在汇聚多个维度、多个来源、多种结构的数据之后，对数据进行抽取、转换和集成加载。

二、简答题

1. 简述什么是大数据的数据采集。

2. 简要对大数据的数据采集与传统的数据采集进行对比。

3. 简述数据采集的数据来源。

4. 简述数据采集的技术方法。

5. 简述大数据预处理的方法。

大数据分析概论 <<<

第 3 章

>>> 导学

【内容与要求】

本章主要介绍大数据分析的基本方法和流程、大数据分析的主要技术及分析系统，以及实际应用情况，使读者对大数据分析有个概括性的了解和掌握。

"大数据分析简介"一节要求读者理解大数据分析，掌握大数据分析的基本方法及流程。

"大数据分析的主要技术"一节要求读者熟悉一些大数据分析的技术，并对它们的作用有所了解。

"大数据分析处理系统简介"一节要求读者掌握四种类型大数据的特点及了解典型分析处理系统。

"大数据分析的应用"一节要求读者对网络与医学大数据的分析有所了解。

【重点与难点】

本章的重点是大数据分析的方法、流程、主要技术和典型分析系统；本章的难点是对大数据分析主要技术的理解。

大数据分析就是研究包含各种数据类型的大型数据集的过程。大数据技术可以发现隐藏的数据模式、未知数据的相关性、市场趋势、客户喜好和其他有用的商业信息。其分析结果可以带来更有效的市场营销、新的收入机会、更好的客户服务、提高运营效率、获得竞争优势和其他商业利益。

3.1 大数据分析简介

在方兴未艾的大数据时代，人们要掌握大数据分析的基本方法和分析流程，从而探索出大数据中蕴含的规律与关系，解决实际业务问题。

3.1.1 大数据分析

大数据分析是指对规模巨大的数据进行分析。通过多个学科技术的融合,实现数据的采集、管理和分析,从而发现新的知识和规律。大数据时代的数据分析,首先要解决的是海量、结构多变、动态实时的数据存储与计算问题,这些问题在大数据解决方案中至关重要,决定大数据分析的最终结果。

通过美国福特公司利用大数据分析促进汽车销售的案例,可以初步认识大数据分析。分析流程如图 3 – 1 所示。

图 3 – 1 福特促进汽车销售的大数据分析流程

1. 提出问题

用大数据分析技术来提升汽车销售业绩。一般汽车销售商的普通做法是投放广告,动辄就是几百万元,而且很难分清广告促销的作用到底有多大。大数据技术不一样,它可以通过对某个地区可能会影响购买汽车意愿的源数据进行收集和分析,从而获得促进销售的解决方案。

2. 数据采集

分析团队搜索采集数据,如这个地区的房屋市场、新建住宅、库存和销售数据、就业率等;还可利用与汽车相关的网站上的数据,如客户搜索了哪些汽车、哪一种款式、汽车的价格、车型配置、汽车功能、汽车颜色等;再有获取第三方合同网站、区域经济数据等。

3. 数据分析

对采集的数据进行分析挖掘,为销售提供精准可靠的分析结果,即提供多种可能的促销分析方案。

4. 数据可视化

根据数据分析结果实施有针对性的促销计划,如在需求量旺盛的地方有专门的促销计划,哪个地区的消费者对某款汽车感兴趣,相应广告就送到其电子邮箱和地区的报纸上,非常精准,只需要较少费用。

5. 效果评估

与传统的广告促销相比,通过大数据的创新营销,福特公司花了很少的钱,做了大数据分析产品,也可叫大数据促销模型,大幅提高了汽车的销售业绩。

3.1.2 大数据分析的基本方法

大数据分析包括五种基本方法。

1. 预测性分析

大数据分析最普遍的应用就是预测性分析,从大数据中挖掘出有价值的知识和规则,通过科学建模的手段呈现出结果,然后可以将新的数据带入模型,从而预测未来的情况。

例如,麻省理工学院的研究者创建了一个计算机预测模型来分析心脏病患者丢弃的心电图数据。他们利用数据挖掘和机器学习在海量的数据中筛选,发现心电图中出现三类异常者一年内死于第二次心脏病发作的概率比未出现者高 1 ~ 2 倍。这种新方法能够预测出更多的、无法通过现有的风险筛查被探查出的高危病人,如图 3 - 2 所示。

图 3 - 2 心电图大数据分析

2. 可视化分析

不管是对数据分析专家还是普通用户,他们对于大数据分析最基本的要求就是可视化分析,因为可视化分析能够直观地呈现大数据特点,同时能够非常容易地被用户接受。可视化可以直观地展示数据,让数据自己说话,让观众看到结果。数据可视化是数据分析工具最基本的要求。

3. 大数据挖掘算法

可视化分析结果是给用户看的,而数据挖掘算法是给计算机看的。通过让机器学习算法,按人的指令工作,从而呈现给用户隐藏在数据之中的有价值的结果。大数据分析的理论核心就是数据挖掘算法,算法不仅要考虑数据的量,而且要考虑处理的速度。目前在许多领域的研究都是在分布式计算框架上对现有的数据挖掘理论加以改进,进行并行化、分布式处理。

常用的数据挖掘方法有分类、预测、关联规则、聚类、决策树、描述和可视化、复杂数据类型挖掘(Text、Web 、图形图像、视频、音频)等。很多学者对大数据挖掘算法进行了研究和文献发表。

例如,有文献提出了对适合慢性病分类的 C4.5 决策树算法进行改进,对基于 MapReduce 编程框架进行算法的并行化改造。

有文献提出对数据挖掘技术中的关联规则算法进行研究,并通过引入了兴趣度对经典 Apriori 算法进行改进,提出了一种基于 MapReduce 的改进的 Apriori 医疗数据挖掘算法。

4. 语义引擎

数据的含义就是语义。语义技术是从词语所表达的语义层次上来认识和处理用户的检索请求。

语义引擎通过对网络中的资源对象进行语义上的标注,以及对用户的查询表达进行语义处理,使得自然语言具备语义上的逻辑关系,能够在网络环境下进行广泛有效的语义推理,从而更加准确、全面地实现用户的检索。大数据分析广泛应用于网络数据挖掘,可从用户的搜索关键词来分析和判断用户的需求,从而实现更好的用户体验。

例如,一个语义搜索引擎试图通过上下文来解读搜索结果,它可以自动识别文本的概念结构。如搜索"选举",语义搜索引擎可能会获取包含"投票""竞选""选票"等文本信息,但是"选举"这个词可能根本没有出现在这些信息来源中。也就是说语义搜索可以对关键词的相关词和类似词进行解读,从而扩大搜索信息的准确性和相关性。

5. 数据质量和数据管理

数据质量和数据管理是指为了满足信息利用的需要,对信息系统的各个信息采集点进行规范,包括建立模式化的操作规程,原始信息的校验,错误信息的反馈、矫正等一系列的过程。大数据分析离不开数据质量和数据管理,无论是在学术研究还是在商业应用领域,高质量的数据和有效的数据管理都能够保证分析结果的真实和有价值。

3.1.3　大数据处理流程

整个处理流程可以分解为提出问题、数据理解、数据采集、数据预处理、数据分析、分析结果解析等,具体如图 3-3 所示。

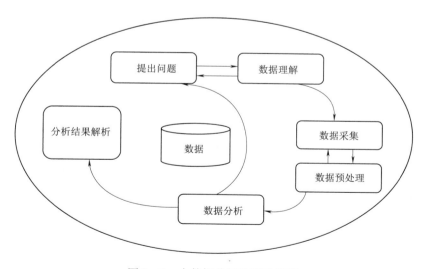

图 3-3　大数据分析处理流程图

1. 提出问题

大数据分析就是解决具体业务问题的处理过程,这需要在具体业务中提炼出准确的实现目标,也就是首先要制定具体需要解决的问题,如图 3-4 所示。

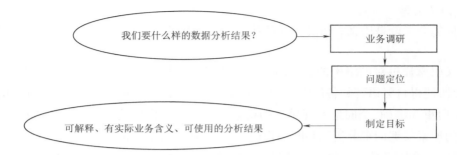

图 3-4　提出问题制定分析目标

2. 数据理解

大数据分析是为了解决业务问题,理解问题要基于业务知识,数据理解就是利用业务知识来认识数据。例如,大数据分析"饮食与疾病的关系""糖尿病与高血压的发病关系",这些分析都需要对相关医学知识有足够的了解才能理解数据并进行分析。只有对业务知识有深入的理解才能在大数据中找准分析指标和进一步衍生出来的指标,从而抓住问题的本质挖掘出有价值的结果,如图 3-5 所示。

图 3-5　理解数据获得分析指标

3. 数据采集

传统的数据采集来源单一,且存储、管理和分析数据量相对较小,大多采用关系型数据库和并行数据仓库即可处理。大数据的采集可以通过系统日志采集方法、对非结构化数据采集方法、企业特定系统接口等相关方式采集。如用户利用多个数据库来接收来自客户端(Web、App 或者传感器等)的数据。

4. 数据预处理

如果要对海量数据进行有效的分析,应该将数据导入一个集中的大型分布式数据库或者分布式存储集群,并且可以在导入基础上做一些简单的清洗和预处理工作。也有一些用户会在导入时对数据进行流式计算,来满足部分业务的实时计算需求。

5. 数据分析

数据分析包括对结构化、半结构化及非结构化数据的分析。主要利用分布式数据库,或者分布式计算集群来对海量数据进行分析,如分类汇总、基于各种算法的高级别计算等,涉及的数据量和计算量都很大。

6. 分析结果解析

对用户来讲最关心的是数据分析结果与解析,对结果的理解可以通过合适的展示方式,如可视化和人机交互。

3.2 大数据分析的主要技术

大数据分析的主要技术有深度学习、知识计算及可视化等,深度学习和知识计算是大数据分析的基础,而可视化在数据分析和结果呈现的过程中均起作用(关于可视化的具体处理方法见本书第4章)。

3.2.1 深度学习

1. 深度学习的概念

深度学习是一种能够模拟出人脑的神经结构的机器学习方式,从而能够让计算机具有人一样的智慧。其利用层次化的架构学习出对象在不同层次上的表达,这种层次化的表达可以帮助解决更加复杂抽象的问题。在层次化中,高层的概念通常是通过低层的概念来定义的,深度学习可以对人类难以理解的底层数据特征进行层层抽象,从而提高数据学习的精度。让计算机模仿人脑的机制来分析数据,建立类似人脑的神经网络进行机器学习,从而实现对数据进行有效表达、解释和学习,这种技术无疑是前景无限的。

2. 深度学习的应用

近几年,深度学习在语音、图像以及自然语言理解等应用领域取得一系列重大进展。在自然语言处理等领域主要应用于机器翻译以及语义挖掘等方面,国外的 IBM、Google 等公司都快速进行了语音识别的研究;国内的阿里巴巴、科大讯飞、百度、中科院自动化所等公司或研究单位,也在进行深度学习在语音识别上的研究。

深度学习在图像领域也取得了一系列进展。如微软推出的网站 how – old,用户可以上传自己的照片"估龄"。系统根据照片会对瞳孔、眼角、鼻子等27个"面部地标点"展开分析,判断照片上人物的年龄,如图3 – 6 所示。

举例:德国用深度学习算法让人工智能系统学习绘画。

2015 年德国一个综合神经科学研究所用深度学习算法让人工智能系统学习梵高、莫奈等世界著名画家的画风绘制新的"人工智能世界名画"。他们在视觉感知的关键领域,如物体和人脸识别等方面有了新的解决方法,这就是深层神经网络。基于深层神经网络的人工智能系统提供了绘画模仿,提供了神经创造艺术形象的算法,用以理解和模拟人类去创建和感知艺术形象。

图3 – 6 人脸识别判断年龄

该算法是卷积神经网络算法,模拟人类大脑处理视觉时的工作状态,在目标识别方面较其他可用算法甚至人类专家更好。

图3 – 7 是德国一个小镇的原始照片,图3 – 8 ~ 图3 – 10 的左下角显示的是名画原作,右侧是人工智能学习后变形的图3 – 7 效果。

图 3-7　德国小镇一瞥

图 3-8　特纳弥诺陶洛斯的沉船风格的小镇

图 3-9　梵高的星夜风格的小镇

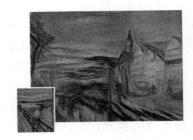

图 3-10　爱德华·蒙克的呐喊风格的小镇

以上这些图像结合了一些著名的艺术绘画风格,这些图像被创建时,首先学习艺术品的内容表示和风格表示,然后应用在给定的图 3-7 中,并进行重新排列组合进行相似性视觉对比绘画,形成人工智能版的"世界名画"。

3.2.2　知识计算

1. 知识计算的概念

知识计算是从大数据中获得有价值的知识,并对其进行进一步深入的计算和分析的过程。也就是要对数据进行高端的分析,需要从大数据中先抽取出有价值的知识,并把它构建成可支持查询、分析与计算的知识库。知识计算是目前国内外工业界开发和学术界研究的热点。知识计算的基础是构建知识库,知识库中的知识是显式的知识。通过利用显式的知识,人们可以进一步计算出隐式知识。知识计算包括属性计算、关系计算、实例计算等。

2. 知识计算的应用

目前,世界各个组织建立的知识库多达 50 余种,相关的应用系统更是达到了上百种。如维基百科等在线百科知识构建的知识库 DBpedia、YAG、Omega、WikiTaxonomy;Google 创建了至今世界最大的知识库,名为 Knowledge Vault,它通过算法自动搜集网上信息,通过机器学习把数据变成可用知识,目前,Knowledge Vault 已经收集了 16 亿件事件。知识库除了改善人机交互之外,也会推动现实增强技术的发展,Knowledge Vault 可以驱动一个现实增强系统,让人们从头戴显示屏上了解现实世界中的地标、建筑、商业网点等信息。

知识图谱泛指各种大型知识库,是把所有不同种类的信息连接在一起而得到的一个关系网络。这个概念最早由 Google 提出,提供了从"关系"的角度分析问题的能力,知识图谱就是机器大脑中的知识库。

在国内,中文知识图谱的构建与知识计算也有大量的研究和开发应用,如图 3-11 是心房颤动知识图谱;图 3-12 是心肌炎知识图谱。具有代表性的有中国科学院计算技术研究所的 OpenKN,中国科学院数学研究院提出的知件(Knowware),上海交通大学最早构建的中文知识图谱平台 zhishi.me,百度推出的中文知识图谱搜索,搜狗推出的知立方平台,复旦大学 GDM 实验室推出的中文知识图谱展示平台等。这些知识库必将使知识计算发挥更大的作用。

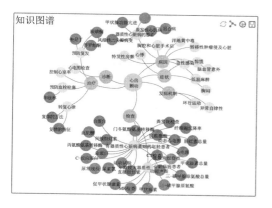

图 3-11 心房颤动知识图谱

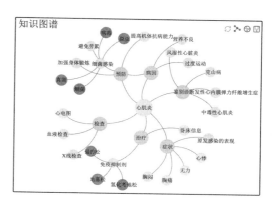

图 3-12 心肌炎知识图谱

3.3 大数据分析处理系统简介

针对不同业务需求的大数据,应采用不同的分析处理系统。国内外的互联网企业都在开发基于开源性面向典型应用的专用化系统。

3.3.1 批量数据及处理系统

1. 批量数据

批量数据通常是数据体量巨大,如数据从 TB 级别跃升到 PB 级别,且是以静态的形式存储。这种批量数据往往是从应用中沉淀下来的数据,如医院长期存储的电子病历等。对这样数据的分析通常使用合理的算法,才能进行数据计算和价值发现。大数据的批量处理系统适用于先存储后计算,实时性要求不高,但数据的准确性和全面性要求较高的场景。

2. 批量数据分析处理系统

Hadoop 是典型的大数据批量处理架构,由 HDFS 负责静态数据的存储,并通过 MapReduce 将计算逻辑、机器学习和数据挖掘算法实现。关于 Hadoop 与 MapReduce 的具体处理流程和方法见本书第 5、7 章。

3.3.2　流式数据及处理系统

1. 流式数据

流式数据是一个无穷的数据序列,序列中的每一个元素来源不同,格式复杂,序列往往包含时序特性。在大数据背景下,流式数据处理常见于服务器日志的实时采集,将PB级数据的处理时间缩短到秒级。数据流中的数据格式可以是结构化的、半结构化的甚至是非结构化的,数据流中往往含有错误元素、垃圾信息等,因此流式数据的处理系统要有良好的容错性及不同结构的数据分析能力,还要完成数据的动态清洗、格式处理等。

2. 流式数据分析处理系统

流式数据分析处理系统有 Twitter 的 Storm、Facebook 的 Scribe、Linkedin 的 Samza 等。其中 Storm 是一套分布式、可靠、可容错的用于处理流式数据的系统。其流式处理作业被分发至不同类型的组件,每个组件负责一项简单的、特定的处理任务。

Storm 系统有其独特的特性:

(1)简单的编程:类似于 MapReduce 的操作,降低了并行批处理与实时处理的复杂性。

(2)容错性:如果出现异常,Storm 将以一致的状态重新启动处理以恢复正确状态。

(3)水平扩展:其流式计算过程是在多个线程和服务器之间并行进行的。

(4)快速可靠的消息处理:Storm 利用 ZeroMQ 作为消息队列,极大提高了消息传递的速度;任务失败时,它会负责从消息源重试消息。

3.3.3　交互式数据及处理系统

1. 交互式数据

交互式数据是操作人员与计算机以人机对话的方式产生的数据,操作人员提出请求,数据以对话的方式输入,计算机系统提供相应的数据或提示信息,引导操作人员逐步完成所需的操作,直至获得最后处理结果。交互式数据处理灵活、直观、便于控制。采用这种方式,存储在系统中的数据文件能够被及时处理修改,处理结果可以立刻被使用。

2. 交互式数据分析处理系统

交互式数据处理系统有 Berkeley 的 Spark 和 Google 的 Dremel 等。Spark 是一个基于内存计算的可扩展的开源集群计算系统。关于 Spark 的详细介绍见本书第 9 章。

3.3.4　图数据及处理系统

1. 图数据

图数据是通过图形表达出来的信息含义。图自身的结构特点可以很好地表示事物之间的关系。图数据中主要包括图中的结点以及连接结点的边。在图中,顶点和边实例化构成各种类型的图,如标签图、属性图、特征图以及语义图等(见图 3-13~图 3-16)。

图 3 – 13 价格标签图

图 3 – 14 服装颜色属性图

图 3 – 15 自然特征图

图 3 – 16 人脑语义地图

2. 图数据分析处理系统

图数据处理有一些典型的系统,如 Google 的 Pregel 系统、Neo4j 系统和微软的 Trinity 系统。Trinity 是一款建立在分布式云存储上的计算平台,可以提供高度并行查询处理、事务记录、一致性控制等功能。Trinity 主要使用内存存储,磁盘仅作为备份存储。

Trinity 有以下特点:

(1)数据模型是超图:超图中,一条边可以连接任意数目的图顶点,此模型中图的边称为超边,超图比简单图的适用性更强,保留的信息更多。

(2)并发性:可以配置在一台或上百台计算机上,提供了一个图分割机制。

(3)具有数据库的一些特点:是一个基于内存的图数据库,有丰富的数据库特点。

(4)支持批处理:支持大型在线查询和离线批处理,并且支持同步和不同步批处理计算。

3.4 大数据分析的应用

大数据分析有广泛的应用。以下以互联网和医疗领域为例,介绍大数据的应用。

1. 互联网领域大数据分析的典型应用

(1)用户行为数据分析。如精准广告投放、行为习惯和喜好分析、产品优化等。

(2)用户消费数据分析。如精准营销、信用记录分析、活动促销、理财等。

(3)用户地理位置数据分析。如 O2O 推广、商家推荐、交友推荐等。

(4)互联网金融数据分析。如 P2P、小额贷款、支付、信用、供应链金融等。

(5)用户社交等数据分析。如流行元素分析、舆论监控分析、社会问题分析等。

2. 医疗领域大数据分析的典型应用

(1)公共卫生:分析疾病模式和追踪疾病暴发及传播方式途径,提高公共卫生监测和反应速度。更快更准确地研制靶向疫苗,如开发每年的流感疫苗。

(2)循证医学:分析各种结构化和非结构化数据,如电子病历、财务和运营数据、临床资料和基因组数据,从而寻找与病症信息相匹配的治疗方案、预测疾病的高危患者或提供更多高效的医疗服务。

(3)基因组分析:更有效和低成本的执行基因测序,使基因组分析成为正规医疗保健决策的必要信息并纳入病人病历记录。

(4)设备远程监控:从住院和家庭医疗装置采集和分析实时大容量的快速移动数据,用于安全监控和不良反应的预测。

(5)病人资料分析:全面分析病人个人信息,找到能从特定保健措施中获益的个人。

(6)疾病预测:如预测特定病人的住院时间,哪些病人会选择非急需性手术,哪些病人不会从手术治疗中受益,哪些病人会更容易出现并发症等。

(7)临床操作:相对更有效的医学研究,发展出临床相关性更强和成本效益更高的方法用来诊断和治疗病人。

3. 应用案例

对某互联网公司用户行为数据进行实时分析。

分析步骤:

(1)首先提出分析方案:制定测试分析策略,数据来源于网站用户行为数据,数据量是 90 天细节数据约 50 亿条。

(2)简单测试:先通过 5 台 PC Server,导入 1～2 天的数据,演示如何 ETL(见本章注释),如何做简单应用。

(3)实际数据导入:按照制定的测试方案,开始导入 90 天的数据,在导入数据中解决了步长问题(每次导入记录条数)、有效访问次数问题、HBase 数据和 SQLServer 数据的关联问题等。

(4)数据源及数据特征分析:

90 天的数据量:Web 数据 7 亿条,App 数据 37 亿条,共约 50 亿条。

每个表有 20 多个字段,一半字符串类型,一半数值类型,一行数据估计 2 000 B。

每天导入 5 000 万行,约 100 GB 存储空间,100 天是 10 TB 的数据量。

50 亿条数据若全部导入需要 900 GB 的存储量(压缩比在 11∶1)。

假设同时装载到内存中分析的量在 1/3,总共需要 300 GB 的内存。

(5)硬件设计方案:

总共配制需要 300 GB 的内存。五台 PC Server,每台内存 64 GB,4 CPU 4 Core。

机器角色:一台 Naming、Map,一台 Client、Reduce、Map,其余三台都是 Map。

(6)ETL 过程(将数据从来源端经过抽取、转换、加载至目的端的过程):

历史数据集中导:每天的细节数据和 SQL Server 关联后,打上标签,再导入集市。

增量数据自动导:每天导入数据,生成汇总数据。

维度数据被缓存:细节数据按照日期打上标签,与缓存的维度数据关联后入集市。

(7)系统配置:系统内部管理、内存参数等配置。

(8)互联网用户行为分析结果:

浏览器分析:运行时间、有效时间、启动次数、覆盖人数等。

主流网络电视:浏览总时长、有效流量时长、浏览次数(PV)覆盖占有率、1 天内相同访客多次访问网站、只计算为 1 个独立访客(UV)占有率等。

主流电商网站:在线总时长、有效在线总时长、独立访问量、网站覆盖量等。

主流财经网站:在线总时长、有效总浏览时长、独立访问量、总覆盖量等。

(9)技术上分析测试结果:

90 天数据,近 10 TB 的原始数据,大部分的分析查询都是秒级响应。

实现了 Hbase 数据与 SQLServer 中维度表关联分析的需求。

(10)分析测试的经验总结:

由于事先做了预算限制,投入并不大,并且解决了 Hive 不够实时的问题。

本 章 小 结

大数据分析为处理结构化与非结构化的数据提供了新的途径,这些分析在具体应用上还有很长的路要走,在未来将会看到更多的产品和应用系统在生活中出现。通过本章内容的学习,学生应该学会大数据分析的方法,掌握大数据分析的一般流程与主要技术,为大数据的分析应用奠定基础。

【注释】

1. 单线程:在程序执行时,所走的程序路径按照连续顺序排下来,前面的必须处理好,后面的才会执行。

2. 多线程:指从软件或者硬件上实现多个线程并发执行的技术。具有多线程能力的计算机因有硬件支持而能够在同一时间执行多于一个线程,进而提升整体处理性能。

3. ZeroMQ:是一个消息处理队列库,可在多个线程、内核和主机盒之间弹性伸缩。ZMQ 的明确目标是"成为标准网络协议栈的一部分,之后进入 Linux 内核"。

4. ETL:英文 Extract-Transform-Load 的缩写,用来描述将数据从来源端经过抽取(extract)、转换(transform)、加载(load)至目的端的过程。

5. O2O:即 Online To Offline(在线离线/线上到线下),是指将线下的商务机会与互联网结合,让互联网成为线下交易的平台。

6. P2P:对等网络(Peer-to-peer networking)或对等计算(Peer-to-peer computing)。网络的参与者共享硬件资源(处理能力、存储能力、网络连接能力、打印机等),在此网络中的参与者既是资源、服务和内容的提供者(Server),又是获取者(Client)。

7. 超图:是北京超图软件股份有限公司(SuperMap Software Co. Ltd. 简称"超图软

件"的品牌),中国科学院旗下亚洲著名的地理信息系统(GIS)软件企业。

8. 数据集市(Data Mart):也叫数据市场,从范围上来说,数据是从企业范围的数据库、数据仓库,或者是更加专业的数据仓库中抽取出来的。

习 题 3

一、填空题

1. 大数据分析是指_____。

2. 大数据分析的基本方法有预测性分析、可视化分析、_____、语义引擎、数据质量和数据管理。

3. 大数据处理流程可以分解为定义问题、数据理解、数据采集、_____、数据分析、分析结果解析等。

4. 深度学习和_____是大数据分析的基础。

5. 知识图谱泛指各种大型_____,是把所有不同种类的信息连接在一起而得到的一个关系网络。

6. 图数据中主要包括图中的结点以及连接结点的边。在图中,顶点和边实例化构成各种类型的图,如标签图、属性图、语义图以及_____等。

7. 人们对大数据的处理形式主要是对静态数据的批量处理,_____,以及对图数据的综合处理等。

8. _____是典型的大数据批量处理架构。

9. 交互式数据处理系统的典型代表是 Berkeley 的_____系统等。

10. 图数据处理有一些典型的系统,如微软的_____系统。

二、简答题

1. 简述大数据的分析流程。

2. 简述深度学习。

3. 简述知识计算。

4. 简述批量数据。

5. 简述流式数据。

大数据可视化 <<<

第4章

>>> 导学

【内容与要求】

本章主要介绍大数据可视化的概念、大数据可视化的过程和大数据可视化工具Tableau。

"大数据可视化简介"一节介绍大数据可视化和数据可视化的概念,以及大数据可视化的过程。

"大数据可视化工具 Tableau"一节介绍大数据可视化工具的特性,以及 Tableau 工具的使用。

【重点与难点】

本章的重点是大数据可视化的概念;本章的难点是使用 Tableau 设计可视化产品。

在大数据时代,人们不仅拥有着海量的数据,同时还要对这些数据进行加工、传播和分享等。当前,实现这些操作的最好方法是大数据可视化。大数据可视化让数据变得更加可信,它像文字一样,为人们讲述着各种各样的故事。

4.1 大数据可视化简介

众所周知,描述人们日常行为、行踪、喜欢做的事情等时,无法量化的数据量是大得惊人的。很多人说大数据是由数字组成的,而有些时候数字是很难看懂的。数据可视化可以让人们与数据交互,其超越了传统意义上的数据分析。

我们如何得到干净、有用的可视化数据呢?它会消耗我们多少时间呢?答案就是:我们只需选择正确的数据可视化工具,这些工具可以帮助我们在几分钟之内将所有需要的数据可视化。

1. 数据可视化与大数据可视化

数据可视化是关于数据的视觉表现形式的科学技术研究。其中,数据的视觉表现形

大数据应用基础

式被定义为以某种概要形式抽提出来的信息,包括相应信息单位的各种属性和变量。

我们常见的那些柱形图、饼图、直方图、散点图等是最原始的统计图表,也是数据可视化最基础、最常见的应用。因为这些原始统计图表只能呈现数据的基本信息,所以当面对复杂或大规模结构化、半结构化和非结构化数据时,数据可视化的设计就要复杂很多。

因此,大数据可视化可以理解为数据量更加庞大、结构更加复杂的数据可视化。例如,图4-1展示的是非洲大型哺乳动物种群的稳定性和濒危状况。图中面朝左边的动物数量正在不断减少,而面朝右边的动物状况则比较稳定。所以,在数据急剧增加的背景下,数据可视化将推动大数据更为广泛的应用就显得尤为重要。

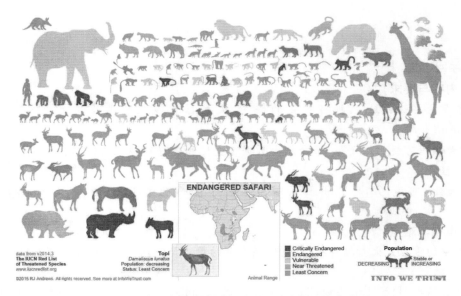

图4-1 非洲大型哺乳动物种群的稳定性和濒危状况

2. 大数据可视化的过程

大数据可视化的过程主要有以下九个方面:

(1)数据的可视化。数据可视化的核心是采用可视化元素来表达原始数据,例如通常柱形图利用柱子的高度反映数据的差异。图4-2中显示的是中国电信区域人群检测系统,其中利用柱形图显示年龄的分布情况,利用饼图显示性别的分布情况。

(2)指标的可视化。在可视化的过程中,采用可视化元素的方式将指标可视化,会使可视化的效果增色很多,例如对QQ群大数据资料进行可视化分析中,数据用各种图形的方式展示。图4-3中显示的是将近100 GB的QQ群数据,通过数据可视化把数据作为点和线连接起来。其中企鹅图标的结点代表QQ,群图标的结点代表群。每条线代表一个关系,一个QQ可以加入多个群,一个群也可以有多个QQ加入。不同颜色的线分别代表群主、群管理员和群成员。群主和管理员的关系线比普通的群成员长一些,这是为了突出群内的重要成员的关系。

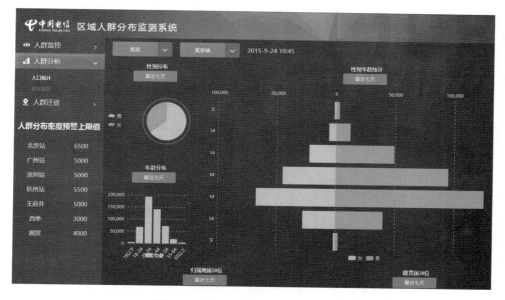

图4-2 中国电信区域人群检测系统

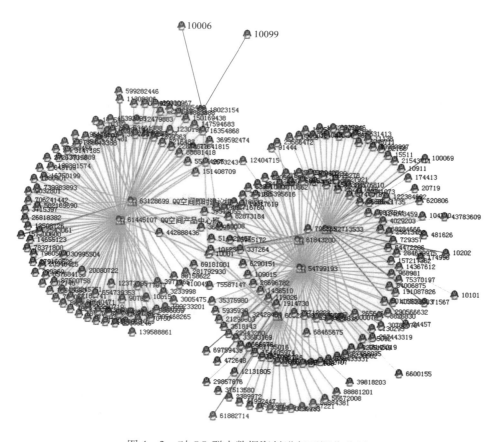

图4-3 对QQ群大数据资料进行可视化分析

（3）数据关系的可视化。数据关系往往也是可视化数据核心表达的主题。例如，图4-4中研究操作系统的分布，其中显示的是将 Windows 比喻成太阳系，Windows XP、Window 7 等比喻成太阳系中的行星；其他系统比喻成其他星系。通过这个图就可以很清晰地看出数据之间的关系。

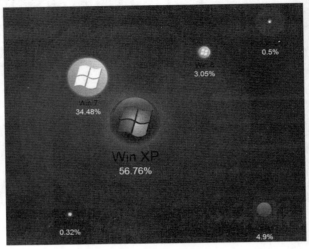

图4-4　操作系统分布

（4）背景数据的可视化。很多时候，仅有原始数据是不够的，因为数据没有价值，信息才有价值。例如设计师马特·罗宾森（Matt Robinson）和汤姆·维格勒沃斯（Tom Wrigglesworth）用不同的圆珠笔和字体写 Sample 这个单词，因为不同字体使用墨水量不同，所以每支笔所剩的墨水也不同。于是就产生了一幅有趣的图（见图4-5），在这幅图中不再需要标注坐标系，因为不同的笔及其墨水含量已经包含了这个信息。

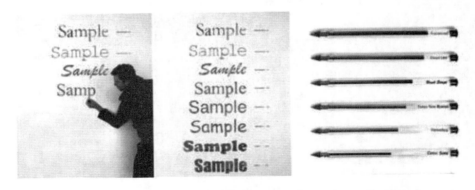

图4-5　马特·罗宾森和汤姆·维格勒沃斯的"字体测量"

（5）转换成便于接受的形式。数据可视化的功能包括数据的记录、传递和沟通，之前的操作实现了记录和传递，但是沟通可能还需要优化，这种优化包括按照人的接受模式、习惯和能力等进行综合改进，这样才能更容易被人们接受。例如，做一个关于"销售计划"的可视化产品，原始数据是销售额列表，采用柱形图来表达；在图表中增加一条销售计划线来表示销售计划数据;最后在销售计划线上增加钩和叉的符号,来表示完成和未完成计划,如此看图表的人更容易接受。

（6）聚焦。所谓聚焦就是利用一些可视化手段,把那些需要强化的小部分数据、信息,按照可视化的标准进行再次处理。

很多时候,数据、信息、符号对于接收者而言是超负荷的,这时就需要在原来的可视化结果基础上再进行聚焦。在上述的"销售计划"中,假设这个图表重点是针对没有完成计划的销售员的,那么可以强化"叉"是红色的。如果柱形图中的柱是黑色,钩也是黑色,那么红色的叉更为显眼。

（7）集中或者汇总展示。对这个"销售计划"可视化产品来说,还有很大的完善空间。例如,为了让管理者更好地掌握情况,可以增加一张没有完成计划的销售人员数据表,这样管理者在掌控全局的基础上,还可以很容易抓住所有焦点,进行逐一处理。

（8）收尾的处理。在之前的基础上,还可以进一步修饰。这些修饰是为了让可视化的细节更为精准甚至优美、比较典型的操作包括设置标题、表明数据来源、对过长的柱子进行缩略处理,以及进行表格线的颜色设置各种字体、图素粗细、颜色设置等。

（9）完美的风格化。所谓风格化就是标准化基础上的特色化,最典型的例如增加企业、个人的 Logo,让人们知道这个可视化产品属于哪个企业、哪个人。而真正做到风格化,还是有很多不同的操作,例如布局、用色,典型的图标,甚至动画的时间、过渡等,从而让人们更直观地理解和接受。

4.2 大数据可视化工具 Tableau

现在已经出现了很多大数据可视化工具,从最简单的 Excel 到基于在线的数据可视化工具、三维工具、地图绘制工具以及复杂的编程工具等,正逐步改变着人们对大数据可视化的认识。

1. 大数据可视化工具的特性

传统的数据可视化工具仅仅是将数据加以组合,通过不同的展现方式提供给用户,用于发现数据之间的关联信息。随着云和大数据时代的来临,数据可视化产品已经不再满足于使用传统的数据可视化工具来对数据仓库中的数据进行抽取、归纳并简单地展现。数据可视化产品必须满足互联网的大数据需求,快速地收集、筛选、分析、归纳、展现决策者所需要的信息,并根据新增的数据进行实时更新。因此,在大数据时代,数据可视化工具必须具有以下特性:

（1）实时性:数据可视化工具必须适应大数据时代数据量的爆炸式增长需求,快速地收集分析数据并对数据信息进行实时更新。

（2）简单操作:数据可视化工具满足快速开发、易于操作的特性,能满足互联网时代信息多变的特点。

（3）更丰富的展现:数据可视化工具需具有更丰富的展现方式,能充分满足数据展现的多维度要求。

（4）多种数据集成支持方式:数据的来源不仅仅局限于数据库,数据可视化工具将支持团队协作数据、数据仓库、文本等多种方式,并能够通过互联网进行展现。

2. Tableau 简介

Tableau 是一款功能非常强大的可视化数据分析软件,其定位在数据可视化的商务智能展现工具。可以用来实现交互地、可视化的分析和仪表板分析应用。就和 Tableau 这个词汇的原意"画面"一样,它带给用户美好的视觉感官。

Tableau 的特性主要包括以下六个方面:

(1)自助式 BI(商业智能),IT 人员提供底层的架构,业务人员创建报表和仪表板。Tableau 允许操作者将表格中的数据转变成各种可视化的图形、强交互性的仪表板并共享给企业中的其他用户。

(2)友好的数据可视化界面,操作简单,用户通过简单的拖动发现数据背后所隐藏的业务问题。

(3)与各种数据源之间实现无缝连接。

(4)内置地图引擎。

(5)支持两种数据连接模式,Tableau 的架构提供了两种方式访问大数据量:内存计算和数据库直连。

(6)灵活地部署,适用于各种企业环境。

Tableau 全球拥有一万多客户,分布在全球 100 多个国家和地区,应用领域遍及商务服务、能源、电信、金融服务、互联网、生命科学、医疗保健、制造业、媒体娱乐、公共部门、教育、零售等各个行业。

Tableau 有桌面版和服务器版。桌面版包括个人版开发和专业版开发,个人版开发只适用于连接文本类型的数据源;专业版开发可以连接所有数据源。服务器版可以将桌面版开发的文件发布到服务器上,共享给企业中其他用户访问;能够方便地嵌入任何门户或者 Web 页面中。

Tableau 支持的数据接口多达 24 种,其中常见的数据接口如表 4 - 1 所示。

表 4 - 1　Tableau 的常见数据接口

数据接口	说　　明
Microsoft Excel	可以进行各种数据的处理、统计分析和辅助决策操作的软件
Microsoft Access	微软发布的关系数据库管理系统
Text files	文本文件
Aster DatanCluster	一个大型数据管理和数据分析的新平台
Microsoft SQL Server	关系型数据库管理系统,使用集成的商业智能工具提供了企业级的数据管理
MySQL	关系型数据库管理系统,在 Web 应用方面表现最好
Oracle	关系数据库管理系统,系统可移植性好、使用方便、功能强,适用于各类大、中、小、微机环境
IBM DB2	关系型数据库管理系统,主要应用于大型应用系统,具有较好的可伸缩性,可支持从大型机到单用户环境,应用于所有常见的服务器操作系统平台下
Hadoop Hive	基于 Hadoop 的一个数据仓库工具,可以将结构化的数据文件映射为一张数据库表,并提供简单的 SQL 查询功能,可以将 SQL 语句转换为 MapReduce 任务进行运行

3. Tableau 入门操作

下面介绍 Tableau 的入门操作,使用软件自带的示例数据,介绍如何连接数据、创建视图、创建仪表板和创建故事。

(1)连接数据。启动 Tableau 后要做的第一件事是连接数据。

①选择数据源。在 Tableau 的工作界面的左侧显示可以连接的数据源,如图 4-6 所示。

图 4-6 Tableau 的工作界面

②打开数据文件。这里以 Excel 文件为例,选择 Tableau 自带的"超市.xls"文件,如图 4-7 所示,为打开文件后的工作界面。

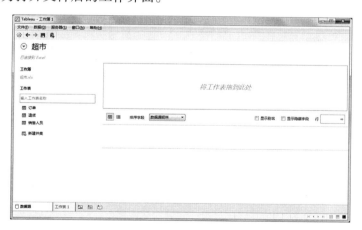

图 4-7 打开"超市.xls"文件

③设置连接。超市.xls 中有三个工作表,将工作表拖至连接区域就可以开始分析数据了。例如将"订单"工作表拖至连接区域,然后单击工作表选项卡开始分析数据,如图 4-8 所示。

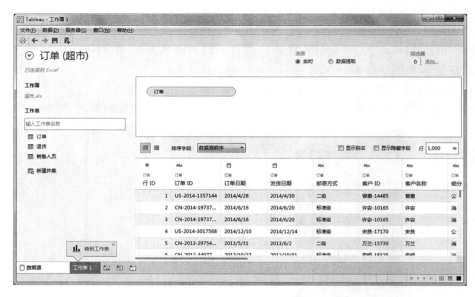

图4-8 "订单"工作表拖至连接区域

（2）构建视图。连接到数据源之后，字段作为维度和度量显示在工作簿左侧的数据窗格中。将字段从数据窗格拖放到功能区来创建视图。

①将维度拖至行、列功能区。单击图4-8下面的"工作表1"切换到数据窗格。例如将窗格左侧中"维度"区域里的"地区"和"细分"拖至行功能区，"类别"拖至列功能区，如图4-9所示。

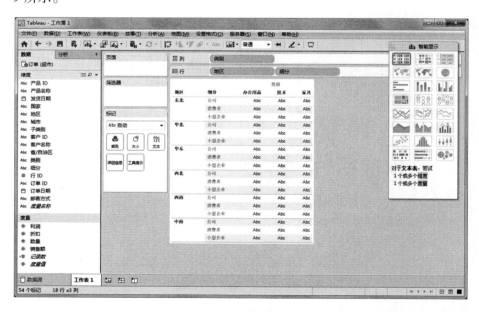

图4-9 数据窗格

②将度量拖至"文本"。例如，将数据窗格左侧中"度量"区域中的"销售额"拖至窗格

"标记"中的"文本"标记卡上,如图 4-10 所示。

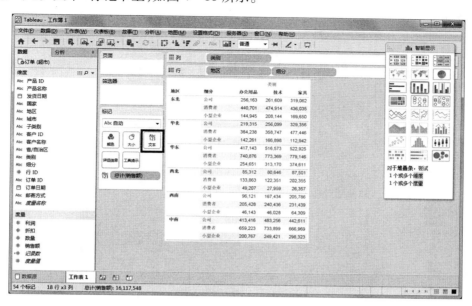

图 4-10　"文本"标记卡

这时,在图 4-10 中窗格的中间区域,数据的交叉表视图就呈现出来了。

③显示数据。将图 4-10"标记"卡中"总计(销售额)"拖至列功能区,数据就会以图形的方式显示出来,如图 4-11 所示。

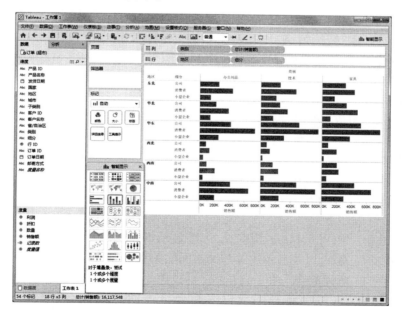

图 4-11　显示数据

从数据窗格"维度"区域中将"地区"拖至"颜色"标记卡上,不同地区的数据就会以不同的颜色显示,从而可以快速挑出业绩最好和最差的产品类别、地区和客户细分,如图 4-12 所示。

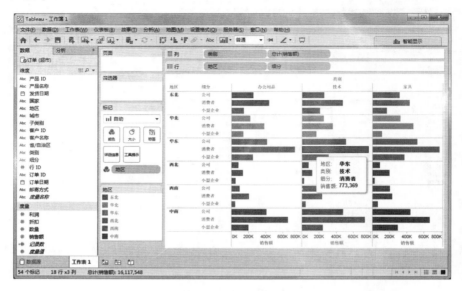

图 4-12　使用颜色显示更多数据

当鼠标指针在图形上移动时,会显示与之对应的相关数据,如图 4-12 中白色浮动框。

对于数据的显示图形还可以进行修改,单击图 4-12 工具栏右侧的"智能显示"按钮,打开"智能显示"窗格,如图 4-13 中所示。在"智能窗格"中凡是变亮的按钮即可为当前数据所使用,例如这里就是"文本表""压力图""突出显示表""饼图"等 12 个图形可以使用。

(3)创建仪表板。当对数据集创建了多个视图后,就可以利用这些视图组成单个仪表板。

①新建仪表板。单击"新建仪表板"按钮,打开仪表板。然后在"仪表板"的"大小"列表中适当调整大小。

②添加视图。将仪表板中显示的视图依次拖入编辑视图中。将"销售地图"放在上方,"销售客户细分"和"销售产品细分"分别放在下方。

(4)创建故事。使用 Tableau 故事点,可以显示事实间的关联、提供前后关系,以及演示决策与结果间的关系。

选择"故事"|"新建故事"命令,打开故事视图。从"仪表板和工作表"区域中将视图或仪表板拖至中间区域。

在导航器中,单击故事点可以添加标题。单击"新空白点"添加空白故事点,继续拖入视图或仪表板。单击

图 4-13　智能显示

"复制"创建当前故事点的副本,然后可以修改该副本。

（5）发布工作簿。

①保存工作簿。可以通过选择"文件"|"保存"或者"另存为"命令来完成,或者单击工具栏中的"保存"按钮。

②发布工作簿。可以通过选择"服务器"|"发布工作簿"命令来实现。

Tableau 工作簿的发布方式有多种,如图 4 - 14 所示,其中分享工作簿最有效的方式是发布到 Tableau Online 和 Tableau Server。Tableau 发布的工作簿是最新、安全、完全交互式的,可以通过浏览器或移动设备观看。

通过以上五部分操作,可以创建最基本的可视化产品。但是 Tableau 的功能却远远不止这些,如果要掌握其更多的操作和功能,还需要进行进一步学习,才能真正对海量的数据进行更加复杂的可视化设计。

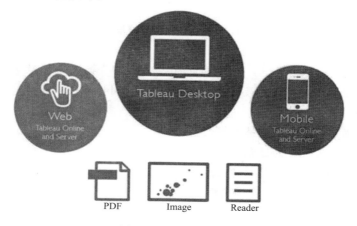

图 4 - 14　工作簿发布

本章小结

大数据可视化是一个崭新的领域,可视化研究的重点在于仔细研究数据,讲出大多数人从不知晓但却渴望听到的好故事,从而了解它们背后蕴含的信息。通过本章的学习,可以对大数据可视化有一个基本的了解,为进一步学习大数据可视化打下理论基础。

【注释】

1. 数据仓库：是为企业所有级别的决策制定过程,提供所有类型数据支持的战略集合。它是单个数据存储,出于分析性报告和决策支持目的而创建。数据仓库研究和解决从数据库中获取信息的问题。

2. BI：即商务智能,英文全称为 Business Intelligence。它是一套完整的解决方案,用来将企业中现有的数据进行有效整合,快速准确地提供报表并提出决策依据,帮助企业做出明智的业务经营决策。

习 题 4

一、填空题

1. 大数据可视化可以理解为数据量更加庞大、结构更加复杂的_____。

2. 数据可视化的核心是采用_____来表达原始数据。

3. 数据可视化的功能包括数据的记录、_____和沟通。

4. Tableau 是一款功能非常强大的_____数据分析软件。

5. 启动 Tableau 后要做的第一件事是_____。

6. 在 Tableau 中对于数据的显示图形可以使用_____窗格中的按钮来进行修改。

7. 在 Tableau 中,当对数据集创建了多个视图后,就可以利用这些视图组成_____。

8. 使用 Tableau _____,可以显示事实间的关联、提供前后关系,以及演示决策与结果间的关系。

9. 在 Tableau 中,选择_____菜单中的"新建故事"命令,打开故事视图。

10. 发布 Tableau 工作簿的最有效方式是发布到 Tableau Online 和_____。

二、简答题

1. 比较数据可视化和大数据可视化。

2. 简述大数据可视化的过程。

3. 简述大数据可视化工具的特性。

4. 简述如何在 Tableau 中连接数据。

5. 简述如何在 Tableau 中创建故事。

Hadoop 概论 ‹‹‹

第 5 章

>>> 导学

【内容与要求】

本章主要介绍 Hadoop 的应用现状及其架构。Hadoop 允许用户在集群服务器上使用简单的编程模型对大数据集进行分布式处理。

"Hadoop 简介"一节介绍 Hadoop 的起源及功能与优势,要求了解 Hadoop 优势及应用现状。

"Hadoop 的架构与组成"一节介绍 Hadoop 的结构,要求了解其主要核心模块 HDFS 和 MapReduce,并了解其他模块的功能。

"Hadoop 应用分析"一节通过对数据排序介绍 Hadoop 的工作机制。

【重点与难点】

本章的重点是了解 Hadoop 的功能与特点;本章的难点是了解各个 Hadoop 核心模块的功能。

用户使用 Hadoop 开发分布式程序,可以在不了解分布式底层细节的情况下,充分利用集群的作用高速运算和存储。绝大多数从事大数据处理的行业和公司都借助 Hadoop 平台进行产品开发,并对 Hadoop 本身的功能进行拓展和演化,极大地丰富了 Hadoop 的性能。

5.1 Hadoop 简介

Hadoop 是一个由 Apache 基金会所开发的分布式系统基础架构。Hadoop 是以分布式文件系统(Hadoop Distributed File System,HDFS)和 MapReduce 等模块为核心,为用户提供细节透明的系统底层分布式基础架构。用户可以利用 Hadoop 轻松地组织计算机资源,搭建自己的分布式计算平台,并且可以充分利用集群的计算和存储能力,完成海量数据的处理。

5.1.1 Hadoop 简史

1. Hadoop 的起源

Hadoop 由它的创始人 Doug Cutting 命名,来源于 Doug Cutting 儿子的棕黄色大象玩具,它的发音是[hædu:p]。Hadoop 图标如图 5 - 1 所示。

Hadoop 起源于 2002 年 Doug Cutting 和 Mike Cafarella 开发的 Apache Nutch 项目。Nutch 项目是一个开源的网络搜索引擎,Doug Cutting 主要负责开发的是大范围文本搜索库。随着互联网的飞速发展,Nutch 项目组意识到其构架无法扩展到拥有数十亿网页的网络,随后在 2003 年和 2004 年 Google 先后推出了两个支持搜索引擎而开发的软件平台。这两个平台一个是谷歌文件系统(Google File System,GFS),用于存储不同设备所产生的海量数据;另一个是 MapReduce,它运行在 GFS 之上,负责分布式大规模数据的计算。基于这两个平台,2006 年初,Doug Cutting 和 Mike Cafarella 从 Nutch 项目转移出来一个独立的模块,称为 Hadoop。

图 5 - 1　Hadoop 图标

截至 2016 年初,Apache Hadoop 版本分为两代。第一代 Hadoop 称为 Hadoop 1.0,第二代 Hadoop 称为 Hadoop 2.0。第一代 Hadoop 包含三个版本,分别是 0.20.x、0.21.x 和 0.22.x。第二代 Hadoop 包含两个版本,分别是 0.23.x 和 2.x。其中,第一代 Hadoop 由一个分布式文件系统 HDFS 和一个离线计算框架 MapReduce 组成;第二代 Hadoop 则包含一个支持 NameNode 横向扩展的 HDFS、一个资源管理系统 Yarn 和一个运行在 Yarn 上的离线计算框架 MapReduce。相比之下 Hadoop 2.0 功能更加强大、扩展性更好并且能够支持多种计算框架。目前,最新的版本是 2016 年初发布的 Hadoop 2.7.2。Hadoop 的版本如表 5 - 1 所示。

表 5 - 1　Hadoop 的版本

Hadoop 版本	版本名称	版 本 号	包 含 内 容
第一代	Hadoop 1.0	0.20.x、0.21.x、0.22.x	HDFS、MapReduce
第二代	Hadoop 2.0	0.23.x、2.x	HDFS、MapReduce、Yarn 等

2. Hadoop 的特点

Hadoop 可以高效地存储并管理海量数据,同时分析这些海量数据以获取更多有价值的信息。Hadoop 中的 HDFS 可以提高读写速度和扩大存储容量,因为 HDFS 具有优越的数据管理能力,并且是基于 Java 开发的,具有容错性高的特点,所以 Hadoop 可以部署在低廉的计算机集群中。Hadoop 中的 MapReduce 可以整合分布式文件系统上的数据,保证快速分析处理数据;与此同时还采用存储冗余数据来保证数据的安全性。

例如,早期使用 Hadoop 是在 Internet 上对搜索关键字进行内容分类。要对一个 10 TB 的巨型文件进行文本搜索,使用传统的系统将需要耗费很长的时间。但是 Hadoop 在设计时就考虑到这些技术瓶颈问题,采用并行执行机制,因此能大大提高效率。

5.1.2 Hadoop 应用和发展趋势

　　Hadoop 的应用获得了学术界的广泛关注和研究,已经从互联网领域向电信、电子商务、银行、生物制药等领域拓展。在短短的几年中,Hadoop 已经成为迄今为止最为成功、最广泛使用的大数据处理主流技术和系统平台,在各个行业尤其是互联网行业获得了广泛的应用。

　　1. 国外 Hadoop 的应用现状

　　(1)Facebook。Facebook 使用 Hadoop 存储内部日志与多维数据,并以此作为报告、分析和机器学习的数据源。目前 Hadoop 集群的机器结点超过 1 400 台,共计 11 200 个核心 CPU,超过15 PB原始存储容量,每个商用机器结点配置了 8 核 CPU,12 TB 数据存储,主要使用 Streaming API 和 Java API 编程接口。Facebook 同时在 Hadoop 基础上建立了一个名为 Hive 的高级数据仓库框架,Hive 已经正式成为基于 Hadoop 的 Apache 一级项目。

　　(2)Yahoo。Yahoo 是 Hadoop 的最大支持者,Yahoo 的 Hadoop 机器总结点数目超过 42 000 个,有超过 10 万的核心 CPU 在运行Hadoop。最大的一个单结点集群有 4 500 个结点,每个结点配置了 4 核 CPU,4×1 TB 磁盘。总的集群存储容量大于 350 PB,每月提交的作业数目超过 1 000 万个。

　　(3)eBay。单集群超过 532 结点集群,单结点 8 核心 CPU,容量超过 5.3 PB 存储。大量使用MapReduce的 Java 接口、Pig、Hive 来处理大规模的数据,还使用 HBase 进行搜索优化和研究。

　　(4)IBM。IBM 蓝云也利用 Hadoop 来构建云基础设施。IBM 蓝云使用的技术包括 Xen 和 PowerVM 虚拟化的 Linux 操作系统映像及 Hadoop 并行工作量调度,并发布了自己的 Hadoop 发行版及大数据解决方案。

　　2. 国内 Hadoop 的应用现状

　　(1)百度。百度在 2006 年就开始关注 Hadoop 并开始调研和使用,其总的集群规模达到数十个,单集群超过 2 800 台机器结点,Hadoop 机器总数有上万台机器,总的存储容量超过 100 PB,已经使用的超过 74 PB,每天提交的作业数目有数千个之多,每天的输入数据量已经超过 7 500 TB,输出超过 1 700 TB。

　　(2)阿里巴巴。阿里巴巴的 Hadoop 集群大约有 3 200 台服务器,大约 30 000 个物理 CPU 核心,总内存 100 TB,总的存储容量超过 60 PB,每天的作业数目超过 150 000 个,Hivequery 查询大于6 000个,扫描数据量约为 7.5 PB,扫描文件数约为 4 亿,存储利用率大约为80%,CPU 利用率平均为65%,峰值可以达到80%。阿里巴巴的 Hadoop 集群拥有 150 个用户组、4 500 个集群用户,为淘宝、天猫、一淘、聚划算、CBU、支付宝提供底层的基础计算和存储服务。

　　(3)腾讯。腾讯也是使用 Hadoop 最早的中国互联网公司之一,腾讯的 Hadoop 集群机器总量超过 5 000 台,最大单集群约为 2 000 个结点,并利用 Hadoop-Hive 构建了自己的数据仓库系统。腾讯的 Hadoop 为腾讯各个产品线提供基础云计算和云存储服务。

（4）京东。京东从2013年起,根据自身业务高速发展的需求,自主研发了京东Hadoop NameNode Cluster 解决方案。该方案主要为了解决两个瓶颈问题:一个是随着存储文件的增加,机器的内存会逐渐增加,已经达到了内存的瓶颈;另一个是随着集群规模的扩大,要求快速响应客户端的请求,原有系统的性能出现了瓶颈。该方案以 Cloudera CDH3 作为基础,并在其上进行了大量的改造和自主研发。目前,已经通过共享存储设备,实现主、从结点的元数据同步及 NameNode 的自动切换功能。客户端、主、从结点、数据结点均通过 Zookeeper 判断主结点信息,通过心跳判断 NameNode 健康状态。

3. Hadoop 的发展趋势

随着互联网的发展,新的业务模式还将不断涌现。在以后相当长一段时间内,Hadoop 系统将继续保持其在大数据处理领域的主流技术和平台的地位,同时其他种种新的系统也将逐步与 Hadoop 系统相互融合和共存。

从数据存储的角度看,前景是乐观的。用 HDFS 进行海量文件的存储,具有很高的稳定性。在 Hadoop 生态系统中,使用 HBase 进行结构化数据存储,其适用范围广,可扩展性强,技术比较成熟,在未来的发展中占有稳定的一席之地。

从数据处理的角度看,存在一定问题。MapReduce 目前存在问题的本质原因是其擅长处理静态数据,处理海量动态数据时必将造成高延迟。由于 MapReduce 的模型比较简单,造成后期编程十分困难,一个简单的计数程序也需要编写很多代码。相比之下,Spark 的简单高效能更好地适用于数据挖掘与机器学习等需要迭代的 MapReduce 的算法。有关 Spark 的介绍详见第 9 章。

Hadoop 作为大数据的平台和生态系统,已经步入稳步理性增长的阶段。未来,和其他技术一样,面临着自身新陈代谢和周围新技术的挑战。期待未来 Hadoop 跟上时代的发展,不断更新改进相关技术,成为处理海量数据的基础平台。

5.2　Hadoop 的架构与组成

Hadoop 分布式系统基础框架具有创造性和极大的扩展性,用户可以在不了解分布式底层细节的情况下,开发分布式程序,充分利用集群的威力高速运算和存储。

Hadoop 的核心组成部分是 HDFS、MapReduce 以及 Common,其中 HDFS 提供了海量数据的存储,MapReduce 提供了对数据的计算,Common 为其他模块提供了一系列文件系统和通用文件包。

5.2.1　Hadoop 架构介绍

Hadoop 主要部分的架构如图 5 - 2 所示。Hadoop 的核心模块包含 HDFS、MapReduce 和 Common。HDFS 是分布式文件系统;MapReduce 提供了分布式计算编程框架;Common 是 Hadoop 体系最底层的一个模块,为 Hadoop 各模块提供基础服务。

对比 Hadoop 1.0 和 Hadoop 2.0,其核心部分变化如图 5 - 3 所示。

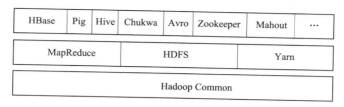

图 5 - 2　Hadoop 主要部分的架构

图 5 - 3　Hadoop 1.0 和 Hadoop 2.0 核心对比图

其中 Hadoop 2.0 中的 Yarn 是在 Hadoop 1.0 中的 MapReduce 基础上发展而来的,主要是为了解决 Hadoop 1.0 扩展性较差且不支持多计算框架而提出的。

5.2.2　Hadoop 组成模块

1. HDFS

HDFS 是 Hadoop 体系中数据存储管理的基础。它是一个高度容错的系统,能检测和应对硬件故障,用于在低成本的通用硬件上运行。HDFS 简化了文件的一致性模型,通过流式数据访问,提供高吞吐量应用程序数据访问功能,适合带有大型数据集的应用程序。

关于 HDFS 的详细介绍参见第 6 章。

2. MapReduce

MapReduce 是一种编程模型,用于大规模数据集(大于 1 TB)的并行运算。MapReduce 将应用划分为 Map 和 Reduce 两个步骤,其中 Map 对数据集上的独立元素进行指定的操作,生成键值对形式的中间结果。Reduce 则对中间结果中相同"键"的所有"值"进行规约,以得到最终结果。MapReduce 这样的功能划分,非常适合在大量计算机组成的分布式并行环境中进行数据处理。MapReduce 以 JobTracker 结点为主,分配工作以及负责和用户程序通信。

关于 MapReduce 的详细介绍参见第 7 章。

3. Common

从 Hadoop 0.20 版本开始,Hadoop Core 模块更名为 Common。Common 是 Hadoop 的通用工具,用来支持其他的 Hadoop 模块。实际上 Common 提供了一系列文件系统和通用 I/O 的文件包,这些文件包供 HDFS 和 MapReduce 公用。它主要包括系统配置工具、远程过程调用、序列化机制和抽象文件系统等。它们为在廉价的硬件上搭建云计算环境提供基本的服务,并且为运行在该平台上的软件开发提供了所需的 API。其他 Hadoop 模块都是在 Common 的基础上发展起来的。

4. Yarn

Yarn 是 Apache 新引入的子模块,与 MapReduce 和 HDFS 并列。由于在老的框架中,

JobTracker 负责分配计算任务并跟踪任务进度,要一直监控 job 下的 tasks 的运行状况,承担的任务量过大,所以引入 Yarn 来解决这个问题。Yarn 的基本设计思想是将 MapReduce 中的 JobTracker 拆分成了两个独立的服务:一个全局的资源管理器 ResourceManager 和每个应用程序特有的 ApplicationMaster。其中 ResourceManager 负责整个系统的资源管理和分配,而 ApplicationMaster 负责单个应用程序的管理。

5. Hive

Hive 最早是由 Facebook 设计,基于 Hadoop 的一个数据仓库工具,可以将结构化的数据文件映射为一张数据库表,并提供类 SQL 查询功能。Hive 没有专门的数据存储格式,也没有为数据建立索引,用户可以非常自由地组织 Hive 中的表,只需要在创建表时告知 Hive 数据中的列分隔符和行分隔符,Hive 就可以解析数据。Hive 中所有的数据都存储在 HDFS 中,其本质是将 SQL 转换为 MapReduce 程序完成查询。

Hive 与 RDBMS 对比,如表 5 - 2 所示。

表 5 - 2　Hive 与 RDBMS 对比

比　较　名　称	Hive	RDBMS
查询	实时性差	实时性强
计算模型	MapReduce	自己设计
存储文件系统	HDFS	服务器本地
处理数据规模	大	小
索引	无	有

6. HBase

HBase 即 Hadoop Database,是一个分布式的、面向列的开源数据库。HBase 不同于一般的关系数据库,其一,HBase 是一个适合于存储非结构化数据的数据库;其二,HBase 是基于列而不是基于行的模式。用户将数据存储在一个表里,一个数据行拥有一个可选择的键和任意数量的列。由于 HBase 表示疏松的数据,所以用户可以给行定义各种不同的列。HBase 主要用于需要随机访问、实时读写的大数据。

HBase 与 Hive 的相同点是 HBase 与 Hive 都是架构在 Hadoop 之上的,都用 Hadoop 作为底层存储。其区别与联系如表 5 - 3 所示。

表 5 - 3　HBase 与 Hive 对比

比较名称	HBase	Hive
用途	弥补 Hadoop 的实时操作	减少并行计算编写工作的批处理系统
检索方式	适用于索引访问	适用于全表扫描
存储	物理表	纯逻辑表
功能	HBase 只负责组织文件	Hive 既要存储文件,又需要计算框架
执行效率	HBase 执行效率高	Hive 执行效率低

7. Avro

Avro 由 Doug Cutting 牵头开发,是一个数据序列化系统。类似于其他序列化机制,

Avro 可以将数据结构或者对象转换成便于存储和传输的格式,其设计目标是用于支持数据密集型应用,适合大规模数据的存储与交换。Avro 提供了丰富的数据结构类型、快速可压缩的二进制数据格式、存储持久性数据的文件集、远程调用 RPC 和简单动态语言集成等功能。

8. Chukwa

Chukwa 是开源的数据收集系统,用于监控和分析大型分布式系统的数据。Chukwa 是在 Hadoop 的 HDFS 和 MapReduce 框架之上搭建的,它同时继承了 Hadoop 的可扩展性和健壮性。Chukwa 通过 HDFS 来存储数据,并依赖于 MapReduce 任务处理数据。Chukwa 中也附带了灵活且强大的工具,用于显示、监视和分析数据结果,以便更好地利用所收集的数据。

9. Pig

Pig 是一个对大型数据集进行分析和评估的平台。Pig 最突出的优势是它的结构能够经受住高度并行化的检验,这个特性让它能够处理大型的数据集。目前,Pig 的底层由一个编译器组成,它在运行的时候会产生一些 MapReduce 程序序列,Pig 的语言层由一种叫做 Pig Latin 的正文型语言组成。

5.3 Hadoop 应用分析

Hadoop 采用分而治之的计算模型,以对海量数据排序为例,对海量数据进行排序时可以参照编程快速排序法的思想。快速排序法的基本思想是在数列中找出适当的轴心,然后将数列一分为二,分别对左边与右边数列进行排序。

1. 传统的数据排序方式

传统的数据排序就是使一串记录,按照其中的某个或某些关键字的大小,递增或递减的排列起来的操作。排序算法是如何使得记录按照要求排列的方法。排序算法在很多领域得到相当地重视,尤其是在大量数据的处理方面。一个优秀的算法可以节省大量的资源。在各个领域中考虑到数据的各种限制和规范,要得到一个符合实际的优秀算法,需经过大量的推理和分析。

下面以快速排序为例,对数据集合 $a(n)$ 从小到大的排序步骤如下:

(1)设定一个待排序的元素 $a(x)$。

(2)遍历要排序的数据集合 $a(n)$,经过一轮划分排序后在 $a(x)$ 左边的元素值都小于它,在 $a(x)$ 右边的元素值都大于它。

(3)再按此方法对 $a(x)$ 两侧的这两部分数据分别再次进行快速排序,整个排序过程可以递归进行,以此达到整个数据集合变成有序序列。

2. Hadoop 的数据排序方式

设想将数据 $a(n)$ 分割成 M 个部分,将这 M 个部分送去 MapReduce 进行计算,自动排序,最后输出内部有序的文件,再把这些文件首尾相连合成一个文件,即可完成排序。操作具体步骤如表 5 - 4 所示。

表 5 - 4　大数据排序步骤

序号	步 骤 名 称	具 体 操 作
1	抽样	对等待排序的海量数据进行抽样
2	设置断点	对抽样数据进行排序,产生断点,以便进行数据分割
3	Map	对输入的数据计算所处断点位置并将数据发给对应 ID 的 Reduce
4	Reduce	Reduce 将获得的数据进行输出

本章小结

短短几年间,Hadoop 从一种边缘技术成为事实上的企业大数据的标准,Hadoop 几乎成为大数据的代名词。作为一种用于存储和分析大数据开源软件平台,Hadoop 可处理分布在多个服务器中的数据,尤其适合处理来自手机、电子邮件、社交媒体、传感器网络和其他不同渠道的多样化、大负荷的数据。

本章对 Hadoop 的起源、功能与优势、应用现状和发展趋势进行了简要的介绍,重点讲解了 Hadoop 的各个功能模块。通过本章的学习,读者将会打下一个基本的 Hadoop 理论基础。

【注释】

1. Apache 软件基金会(Apache Software Foundation, ASF):是专门为支持开源软件项目而办的一个非营利性组织。在它所支持的 Apache 项目与模块中,所发行的软件产品都遵循 Apache 许可证(Apache License)。

2. GFS:是一个可扩展的分布式文件系统,用于大型的、分布式的、对大量数据进行访问的应用。它运行于廉价的普通硬件上,并提供容错功能。它可以给大量的用户提供总体性能较高的服务。

3. RPC(Remote Procedure Call, RPC):远程过程调用。它是一种通过网络从远程计算机程序上请求服务,而不需要了解底层网络技术的协议。

4. 序列化:即 Serialization,是将对象的状态信息转换为可以存储或传输的形式的过程。在序列化期间,对象将其当前状态写入到临时或持久性存储区。以后,可以通过从存储区中读取或反序列化对象的状态,重新创建该对象。

5. 抽象文件系统:与实体对应,它是由概念、原理、假说、方法、计划、制度、程序等非物质实体构成的系统,实体与抽象两类系统在实际中常结合在一起,以实现一定功能。抽象文件系统往往对实体系统提供指导和服务。

6. RDBMS(Relational Database Management System, RDBMS):即关系数据库管理系统,是将数据组织为相关的行和列的系统,而管理关系数据库的计算机软件就是关系数据库管理系统,常用的数据库软件有 Oracle、SQL Server 等。

7. 动态语言:是指程序在运行时可以改变其结构,新的函数可以被引进,已有的函数可以被删除等在结构上的变化。比如众所周知的 ECMAScript(JavaScript)便是一个动态语言。除此之外，Ruby、Python 等也都属于动态语言，而 C、C++ 等语言则不属于动态语言。

习　题　5

一、填空题

1. Hadoop 是 Apache 软件基金会旗下的一个_____。

2. 截至 2016 年初，Apache Hadoop 版本分为_____代。

3. HDFS 是_____。

4. Pig 是_____。

5. HBase 是_____。

6. Avro 可以将数据结构或者对象转换成便于_____的格式，其设计目标是用于支持数据密集型应用，适合大规模数据的存储与交换。

7. Chukwa 是开源的_____，用于监控和分析大型分布式系统的数据。

8. Pig 的底层由一个编译器组成，它在运行的时候会产生一些_____程序序列。

二、简答题

1. 简述 Hadoop 第一代和第二代的区别。

2. 以表格形式阐述 HBase 与 Hive 的异同点。

3. 简述 Hadoop 在数据处理方面存在的问题。

HDFS和Common 概论 <<<

第6章

>>> 导学

【内容与要求】

本章介绍 Hadoop 的核心模块 HDFS 和 Common,它们承担了 Hadoop 最主要的功能和任务。其中 HDFS 提供了海量数据的存储;Common 是 Hadoop 的通用工具,用来支持其他 Hadoop 模块。

"HDFS 简介"一节介绍 HDFS 的相关概念和特点,要求掌握 HDFS 的体系结构和工作原理,了解 HDFS 的相关技术。

"Common 简介"一节介绍 Common 在 Hadoop 中的位置,要求了解 Common 的功能和主要工具包。

【重点与难点】

本章的重点是 HDFS 的体系结构和工作原理;本章的难点是理解 HDFS 的体系结构。

HDFS 和 Common 是 Hadoop 的核心模块,承担了 Hadoop 最主要的功能和任务。其中 HDFS 提供了海量数据的存储;Common 提供了一系列文件系统和通用 I/O 的文件包,这些文件包供 HDFS 及其他模块共同使用。

6.1 HDFS 简介

HDFS(Hadoop Distributed FileSystem)是 Hadoop 架构下的分布式文件系统。HDFS 是 Hadoop 的一个核心模块,负责分布式存储和管理数据。其具有高容错性、高吞吐量等优点,并提供了多种访问模式。HDFS 能做到对上层用户的绝对透明,使用者不需要了解内部结构就能得到 HDFS 提供的服务。并且,HDFS 提供了一系列的 API,可以让开发者和研究人员快速编写基于 HDFS 的应用。

6.1.1 HDFS 的相关概念

HDFS 分布式文件系统概念相对复杂,对其相关概念介绍如下:

Metadata 是元数据,元数据信息包括名称空间、文件到文件块的映射、文件块到 DataNode 的映射三部分。

NameNode 是 HDFS 系统中的管理者,负责管理文件系统的命名空间,维护文件系统的文件树及所有的文件和目录的元数据。在一个 Hadoop 集群环境中,一般只有一个 NameNode,它是整个 HDFS 系统的关键故障点,对整个系统的运行有较大影响。

Secondary NameNode 是以备 NameNode 发生故障时进行数据恢复。一般在一台单独的物理计算机上运行,与 NameNode 保持通信,按照一定时间间隔保存文件系统元数据的快照。

DataNode 是 HDFS 文件系统中保存数据的结点。根据需要存储并检索数据块,受客户端或 NameNode 调度,并定期向 NameNode 发送它们所存储的块的列表。

Client 是客户端,是 HDFS 文件系统的使用者。它通过调用 HDFS 提供的 API 对系统中的文件进行读写操作。

块是 HDFS 中的存储单位,默认为 64 MB。在 HDFS 中文件被分成许多大小一定的分块,作为单独的单元存储。

6.1.2 HDFS 特性

HDFS 被设计成适合运行在通用硬件(Commodity Hardware)上的分布式文件系统。它是一个高度容错性的系统,适合部署在廉价的机器上,能提供高吞吐量的数据访问,适合大规模数据集上的应用,同时放宽了一部分 POSIX(可移植操作系统接口)约束,实现流式读取文件系统数据的目的。HDFS 的主要特性为以下几点。

1. 高效硬件响应

HDFS 可能由成百上千的服务器构成,每个服务器上都存储着文件系统的部分数据。构成系统的模块数目是巨大的,而且任何一个模块都有可能失效,这意味着总是有一部分 HDFS 的模块是不工作的。因此错误检测和快速、自动恢复是 HDFS 重要特点。

2. 流式数据访问

运行在 HDFS 上的应用和普通的应用不同,需要流式访问它们的数据集。流式数据的特点是像流水一样,是一点一点"流"过来,而处理流式数据也是一点一点处理。如果是全部收到数据以后再处理,那么延迟会很大,而且在很多场合会消耗大量内存。HDFS 的设计中更多地考虑到了数据批处理,而不是用户交互处理。较之数据访问的低延迟问题,更关键在于数据访问的高吞吐量。POSIX 标准设置的很多硬性约束对 HDFS 应用系统不是必需的。为了提高数据的吞吐量,在一些关键方面对 POSIX 的语义做了修改。

3. 海量数据集

运行在 HDFS 上的应用具有海量数据集。HDFS 上的一个典型文件大小一般都在 GB 至 TB 级别。HDFS 能提供较高的数据传输带宽,能在一个集群里扩展到数百个结点。一个单一的 HDFS 实例能支撑数以千万计的文件。

4. 简单一致性模型

HDFS 应用采用"一次写入多次读取"的文件访问模型。一个文件经过创建、写入和关闭之后就不再需要改变。这一模型简化了数据一致性的问题,并且使高吞吐量的数据访问成为可能。MapReduce 应用和网络爬虫应用都遵循该模型。

5. 异构平台间的可移植性

HDFS 在设计的时候就考虑到了平台的可移植性。这种特性方便了 HDFS 作为大规模数据应用平台的推广。

需要注意的是,HDFS 不适用于以下应用:

(1)低延迟数据访问。因为 HDFS 关注的是数据的吞吐量,而不是数据的访问速度,所以 HDFS 不适用于要求低延迟的数据访问应用。

(2)大量小文件。HDFS 中 NameNode 负责管理元数据的任务,当文件数量太多时就会受到 NameNode 容量的限制。

(3)多用户写入修改文件。HDFS 中的文件只能有一个写入者,而且写操作总是在文件结尾处,不支持多个写入者,也不支持数据写入后在文件的任意位置进行修改。

6.1.3 HDFS 体系结构

HDFS 采用了主从结构构建,NameNode 为 Master(主),其他 DataNode 为 Slave(从)。文件以数据块的形式存储在 DataNode 中。NameNode 和 DataNode 都以 Java 程序的形式运行在普通的计算机上,操作系统一般采用 Linux。一个 HDFS 分布式文件系统的架构如图 6-1 所示。

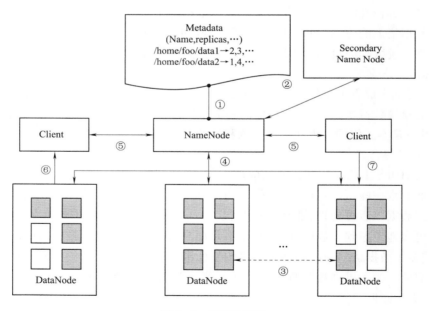

图 6-1　HDFS 架构

(1)连线①:NameNode 是 HDFS 系统中的管理者,对 Metadata 元数据进行管理。负责管理文件系统的命名空间,维护文件系统的文件树及所有的文件和目录的元数据。

(2)连线②:当 NameNode 发生故障时,使用 Secondary NameNode 进行数据恢复。它一般在一台单独的物理计算机上运行,与 NameNode 保持通信,按照一定时间间隔保存文件系统元数据的快照,以备 NameNode 发生故障时进行数据恢复。

（3）连线③：HDFS 中的文件通常被分割为多个数据块,存储在多个 DataNode 中。DataNode 上存了数据块 ID 和数据块内容,以及它们的映射关系。文件存储在多个 DataNode 中,但 DataNode 中的数据块未必都被使用(如图 6-1 中的空白块)。

（4）连线④：NameNode 中保存了每个文件与数据块所在的 DataNode 的对应关系,并管理文件系统的命名空间。DataNode 定期向 NameNode 报告其存储的数据块列表,以备使用者直接访问 DataNode 获得相应的数据。DataNode 还周期性地向 NameNode 发送心跳信号提示 DataNode 是否工作正常。DataNode 与 NameNode 还进行交互,对文件块的创建、删除、复制等操作进行指挥与调度,只有在交互过程中收到了 NameNode 的命令后,才开始执行指定操作。

（5）连线⑤：Client 是 HDFS 文件系统的使用者,在进行读写操作时,Client 需要先从 NameNode 获得文件存储的元数据信息。

（6）连线⑥⑦：Client 从 NameNode 获得文件存储的元数据信息后,与相应的 DataNode 进行数据读写操作。

6.1.4　HDFS 的工作原理

下面以一个文件 File A(大小为 100 MB)为例,说明 HDFS 的工作原理。

1. HDFS 的读操作

HDFS 的读操作原理较为简单,Client 要从 DataNode 上读取 File A。而 File A 由 Block1 和 Block2 组成。其流程如图 6-2 所示。

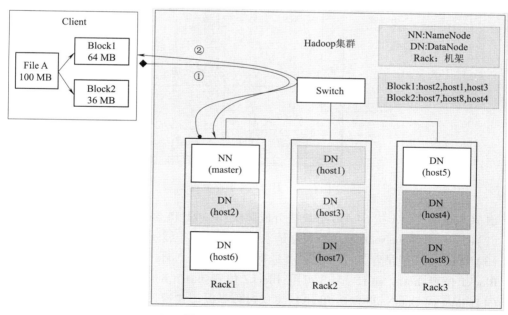

图 6-2　HDFS 读操作流程

图 6-2 中,左侧为 Client,即客户端。File A 分成两块,Block1 和 Block2。

右侧为 Switch,即交换机。HDFS 按默认配置将文件分布在三个机架(Rack1、Rack2、Rack3)上。

过程步骤如下：

（1）Client 向 NameNode 发送读请求（如图 6-2 连线①）。

（2）NameNode 查看 Metadata 信息，返回 File A 的 Block 的位置（如图 6-2 连线②）。Block1 位置：host2、host1、host3；Block2 位置：host7、host8、host4。

（3）Block 的位置是有先后顺序的，先读 Block1，再读 Block2。而且 Block1 去 host2 上读取，然后 Block2 去 host7 上读取。

在读取文件过程中，DataNode 向 NameNode 报告状态。每个 DataNode 会周期性地向 NameNode 发送心跳信号和文件块状态报告，以便 NameNode 获取工作集群中 DataNode 状态的全局视图，从而掌握它们的状态。如果存在 DataNode 失效的情况，NameNode 会调度其他 DataNode 执行失效结点上文件块的读取处理。

2. HDFS 的写操作

HDFS 中 Client 写入文件 File A 的原理其流程如图 6-3 所示。

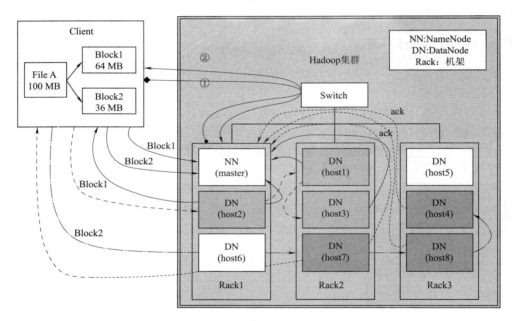

图 6-3　HDFS 写操作流程

（1）Client 将 FileA 按 64 MB 分块。分成两块：Block1 和 Block2。

（2）Client 向 NameNode 发送写数据请求（如图 6-3 连线①）。

（3）NameNode 记录着 Block 信息，并返回可用的 DataNode（如图 6-3 连线②）。Block1 位置：host2、host1、host3 可用；Block2 位置：host7、host8、host4 可用。

（4）Client 向 DataNode 发送 Block1，发送过程是以流式写入。流式写入过程如下：

①将 64 MB 的 Block1 按 64 KB 大小划分成 package。

②Client 将第一个 package 发送给 host2。

③host2 接收完后，将第一个 package 发送给 host1；同时 Client 向 host2 发送第二个 package。

④ host1 接收完第一个 package 后,发送给 host3;同时接收 host2 发来的第二个package。

⑤依此类推,直到将 Block1 发送完毕。

⑥host2、host1、host3 向 NameNode,host2 向 Client 发送通知,说明消息发送完毕。

⑦Client 收到 host2 发来的消息后,向 NameNode 发送消息,说明写操作完成。这样就完成 Block1 的写操作。

⑧发送完 Block1 后,再向 host7、host8、host4 发送 Block2。

⑨发送完 Block2 后,host7、host8、host4 向 NameNode,host7 向 Client 发送通知。

⑩Client 向 NameNode 发送消息,说明写操作完成。

在写文件过程中,每个 DataNode 会周期性地向 NameNode 发送心跳信号和文件块状态报告。如果存在 DataNode 失效的情况,NameNode 会调度其他 DataNode 执行失效结点上文件块的复制处理,保证文件块的副本数达到规定数量。

6.1.5　HDFS 的相关技术

在 HDFS 分布式存储和管理数据的过程中,为了保证数据的可靠性、安全性、高容错性等特点采用了以下技术。

1. 文件命名空间

HDFS 使用的系统结构是传统的层次结构。但是,在做好相应的配置后,对于上层应用来说,就几乎可以当成普通文件系统来看待,忽略 HDFS 的底层实现。

上层应用可以创建文件夹,可以在文件夹中放置文件;可以创建、删除文件;可以移动文件到另一个文件夹中;可以重命名文件。但是,HDFS 还有一些常用功能尚未实现,例如硬链接、软链接等功能。这种层次目录结构跟其他大多数文件系统类似。

2. 权限管理

HDFS 支持文件权限控制,但是目前的支持相对不足。HDFS 采用了 UNIX 权限码的模式来表示权限,每个文件或目录都关联着一个所有者用户和用户组以及对应的权限码 rwx(read、write、execute)。每次文件或目录操作,客户端都要把完整的文件名传给NameNode,每次都要对这个路径的操作权限进行判断。HDFS 的实现与 POSIX 标准类似,但是 HDFS 没有严格遵守 POSIX 标准。

3. 元数据管理

NameNode 是 HDFS 的元数据计算机,在其内存中保存着整个分布式文件系统的两类元数据:文件系统的命名空间,即系统目录树;数据块副本与 DataNode 的映射,即副本的位置。

对于上述第一类元数据,NameNode 会定期持久化;第二类元数据则靠 DataNode BlockReport 获得。

NameNode 把每次对文件系统的修改作为一条日志添加到操作系统本地文件中。比如,创建文件、修改文件的副本因子都会使得 NameNode 向 EditLog 添加相应的操作记录。当 NameNode 启动时,首先从镜像文件 fs 中读取 HDFS 所有文件目录元数据加载到内存中,然后把 EditLog 文件中的修改日志加载并应用到元数据,这样启动后的元数据是最新版本的。之后,NameNode 再把合并后的元数据写回到 fs,新建一个空 EditLog 文件以写入修改日志。

由于 NameNode 只在启动时才合并 fs 和 EditLog 两个文件,这将导致 EditLog 日志文件可能会很大,并且运行得越久就越大,下次启动时合并操作所需要的时间就越久。为了解决这一问题,Hadoop 引入 Secondary NameNode 机制,Secondary NameNode 可以随时替换为 NameNode,让集群继续工作。

4. 单点故障问题

HDFS 的主从式结构极大地简化了系统体系结构,降低了设计的复杂度,用户的数据也不会经过 NameNode。但是问题也是显而易见的,单一的 NameNode 结点容易导致单点故障问题。一旦 NameNode 失效,将导致整个 HDFS 集群无法正常工作。此外,由于 Hadoop 平台的其他框架如 MapReduce、HBase、Hive 等,都是依赖于 HDFS 的基础服务,因此 HDFS 失效将对整个上层分布式应用造成严重影响。Secondary NameNode 可以部分解决这个问题,但是需要切换 IP,手动执行相关切换命令,而且 checkpoint 的数据不一定是最新的,存在一致性问题,不适合做 NameNode 的备用机。除了 Secondary NameNode,其他相对成熟的解决方案还有 Backup Node 方案、DRDB 方案、AvatarNode 方案。

5. 数据副本

HDFS 是用来为大数据提供可靠存储的,这些应用所处理的数据一般保存在大文件中。HDFS 存储文件时,会将文件分成若干个块,每个块又会按照文件的副本因子进行备份。

同副本因子一样,块的大小也是可以配置的,并且在创建后也能修改。习惯上会设置成 64 MB、128 MB 或 256 MB(默认是 64 MB)。块大小既不能太小也不能太大。

6. 通信协议

HDFS 是应用层的分布式文件系统,结点之间的通信协议都是建立在 TCP/IP 协议之上的。HDFS 有三个重要的通信协议:Client Protocol、Client DataNodeProtocol 和 DataNode Protocol。

7. 容错

HDFS 的设计目标之一是具有高容错性。集群中的故障主要有三类:Node Server 故障、网络故障和脏数据问题。

(1)Node Server 故障包括 NameNode 故障和 DataNode 故障。Secondary NameNode 可以随时替换为 NameNode,让集群继续工作。NameNode 会通过心跳检测判断 DataNode 是否发生故障。

(2)对于网络故障,HDFS 采用了与 TCP 协议类似的处理方式:ACK 报文,即每次接收方收到数据后都会向发送方返回一个 ACK 报文,如果没收到 ACK 报文就认为接收方发生故障或者网络出现故障。

(3)由于 HDFS 的硬件配置都是比较廉价的,数据容易出错。为了防止脏数据问题,HDFS 的数据都配有校验数据。每隔一定时间,DataNode 会向 NameNode 发送 BlockReport 以报告自己的块信息。NameNode 收到 BlockReport 后,如果发现某个 DataNode 没有上报被认为是存储在该 DataNode 的块信息,就认为该 DataNode 的这个块是脏数据。

8. Hadoop Metrics 插件

Hadoop Metrics 插件是基于 JMX(Java Management Extensions,即 Java 管理扩展)实现

的一个统计集群运行数据的工具,能让用户在不重启集群的情况下重新进行配置。从 Hadoop 0. 20 开始 metrics 功能就默认启用了,目前使用的都是 HadoopMetrics 2。

6. 2 Common 简介

Common 为 Hadoop 的其他模块提供了一系列文件系统和通文件包,主要包括系统配置工具 Configuration、远程过程调用 RPC、序列化机制和 Hadoop 抽象文件系统 FileSystem 等。从 Hadoop 0. 20 版本开始,Hadoop Core 模块更名为 Common。Common 为在通用硬件上搭建云计算环境提供基本的服务,同时为软件开发提供了 API。图 6－4 所示为Common 在 Hadoop 架构中的位置。

HBase	Pig	Hive	Chukwa	Avro	Zookeeper	Mahout	...
MapReduce			HDFS			Yarn	
Hadoop Common							

图 6－4 Common 在 Hadoop 架构中的位置

Common 模块结构如图 6－5 所示。

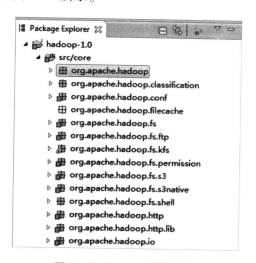

图 6－5 Common 模块结构

下面介绍 Common 模块中的主要程序包。

1. org. apache. hadoop. conf

该包的作用是读取集群的配置信息,很多配置的数据都需要从 org. apache. hadoop. conf 中去读取。Configuration 是 org. apache. hadoop. conf 包中的主类,Configuration 类中包含了 10 个属性。Hadoop 开放了许多的 get／set 方法来获取和设置其中的属性。

2. org. apache. hadoop. fs

该包主要包括了对文件系统的维护操作的抽象,包括文件的存储和管理,主要包含下面的子包:

(1)org. apache. hadoop. fs. ftp 提供了在 HTTP 协议上对于 Hadoop 文件系统的访问。

(2)org. apache. hadoop. fs. kfs 包含了对 kfs 的基本操作。

(3)org. apache. hadoop. fs. permission 可以对访问控制、权限进行设置。

(4)org. apache. hadoop. fs. s3 和 org. apache. hadoop. fs. s3native 包,这两个包中定义了对 as3 文件系统的支持。

3. org. apache. hadoop. io

该包实现了一个特有的序列化系统。Hadoop 的序列化机制具有快速、紧凑的特点。Hadoop 在 I/O 中的解压缩设计中通过 JNI 的形式调用第三方的压缩算法,如 Google 的 Snappy 框架。

4. org. apache. hadoop. ipc

该包用于 Hadoop 远程过程调用的实现。Java 的 RPC 最直接的体现就是 RMI 的实现,RMI 的实现是一个简单版本的远程过程调用,但是由于 RMI 的不可定制性,所以 Hadoop 根据自己系统特点,重新设计了一套独有的 RPC 体系,用了 Java 动态代理的思想,RPC 的服务端和客户端都是通过代理获得方式取得。

其他包简单描述如下:

(1)org. apache. hadoop. hdfs 是 Hadoop 的分布式文件系统实现。

(2)org. apache. hadoop. mapreduce 是 Hadoop 的 MapReduce 实现。

(3)org. apache. hadoop. log 是 Hadoop 的日志帮助类,实现估值的检测和恢复。

(4)org. apache. hadoop. metrics 用于度量、统计和分析。

(5)org. apache. hadoop. http 和 org. apache. hadoop. net 用于对网络相关的封装。

(6)org. apache. hadoop. util 是 Common 中的公共方法类。

本 章 小 结

作为 Hadoop 最重要的组成模块,HDFS 和 Common 在大数据处理过程中作用巨大。简单地说,在 Hadoop 平台下,HDFS 负责存储,Common 负责提供 Hadoop 各个模块常用的工具程序包。

本章重点讲解了 HDFS 的特点、体系结构、工作原理,介绍了 HDFS 的相关技术,最后简单介绍了 Common 的相关知识。通过本章的学习,将会了解 HDFS 和 Common 的理论基础。

【注释】

1. 海量数据:是指几百 MB、几百 GB 甚至是 TB、PB 级规模的数据文件。

2. 开源(Open Source):开放源码的简称,指那些源码可以被公众使用的软件,并且此软件的使用、修改和发行也不受许可证的限制。

3. 通用硬件: Hadoop 的一个特点就是降低成本,因此它对硬件的要求不高,不必要运行在价格昂贵的硬件上,它被设计成可以运行在由普通商用硬件组成的集群上。由于硬件的可靠性较差,在一个大的 Hadoop 集群中结点的故障率还是比较高的。这就需要 HDFS 在面对这些故障时,被设计成高容错性,在运行时不被用户感觉到明显的中断。

4. 数据集:又称资料集、数据集合或资料集合,是一种由数据所组成的集合。

5. POSIX(Portable Operating System Interface):即可移植操作系统接口。POSIX 标准定义了操作系统应该为应用程序提供的接口标准,是 IEEE 为要在各种 UNIX 操作系统上运行的软件而定义的一系列 API 标准的总称。POSIX 标准意在期望获得源代码级别的软件可移植性。

6. 结点:在网络拓扑学中,结点是网络任何支路的终端或网络中两个或更多支路的互联公共点。

7. 系统命名空间:系统的命名空间层次与现有的大多数文件系统类似。HDFS 支持传统的层次化文件操作,比如支持文件的创建、删除、移动或者重命名。在 HDFS 中,文件系统的命名空间是由名字结点来维护的,名字结点会记录任何对文件系统命名空间或者属性的改动。

8. 硬链接:所谓链接无非是把文件名和计算机文件系统使用的结点号链接起来。硬链接是指用多个文件名与同一个文件进行链接,这些文件名可以在同一目录或不同目录。

9. 软链接:又叫符号链接,这个文件包含了另一个文件的路径名。可以是任意文件或目录,可以链接不同文件系统的文件。

10. 集群:是一组相互独立的、通过高速网络互连的计算机,它们构成了一个组,并以单一系统的模式加以管理。一个客户与集群相互作用时,集群像是一个独立的服务器。集群配置是用于提高可用性和可缩放性。

11. 时间戳(timestamp):通常是一个字符序列,唯一地标识某一刻的时间。数字时间戳技术是数字签名技术一种变种的应用。

12. ACK(Acknowledgement):即确认字符,在数据通信中,接收站发给发送站的一种传输类控制字符。表示发来的数据已确认接收无误。

13. 脏数据:是指源系统中的数据不在给定的范围内或对于实际业务毫无意义,或是数据格式非法,以及在源系统中存在不规范的编码和含糊的业务逻辑。

14. JNI(Java Native Interface):提供了若干 API,实现了 Java 和其他语言的通信(主要是 C 和 C++)。从 Java 1.1 开始,JNI 标准成为 Java 平台的一部分,它允许 Java 代码和其他语言写的代码进行交互。

习 题 6

一、填空题

1. HDFS 和 Common 是_____的核心模块。

2. HDFS 是 Hadoop 构架下的_____,同时也是 GFS 的开源实现。

3. HDFS 负责分布式地_____和管理数据。

4. HDFS 提供了一系列的_____,可以让开发者和研究人员快速编写基于 HDFS 的应用。

5. _____是 HDFS 系统中的管理者,负责管理文件系统的命名空间,维护文件系统的文件树及所有的文件和目录的元数据。

6. _____以备 NameNode 发生故障时进行数据恢复。

7. _____是 HDFS 文件系统中保存数据的结点。

8. HDFS 采用了_____结构构建。

9. HDFS 采用了主从结构构建,_____为主,其他 DataNode 为从。

10. 从 Hadoop 0.20 版本开始,Hadoop Core 模块更名为_____。

二、简答题

1. 简述 Metadata、NameNode、Secondary NameNode、DataNode、Client、块的概念。

2. 简述 HDFS 的特点。

3. 简述 HDFS 架构图(见图 6-6)。

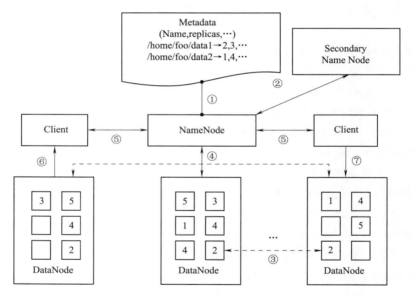

图 6-6　HDFS 架构图

4. 简述 HDFS 读操作工作原理(见图 6-2)。

5. 简述 HDFS 写操作工作原理(见图 6-3)。

MapReduce 概论 <<<  第7章

>>>导学

【内容与要求】

MapReduce 是一个最先由 Google 公司开发的分布式计算框架,它可以支持大数据的分布式处理。MapReduce 是 Hadoop 的核心模块,承担了 Hadoop 的数据计算功能。

"MapReduce 简介"一节主要介绍 MapReduce 的功能、技术特征和局限。

"Map 和 Reduce 任务"一节主要介绍 Map(映射)与 Reduce(化简)的原理和流程。

"MapReduce 架构和工作流程"一节主要介绍 MapReduce 的架构组成和 10 个工作步骤。

【重点与难点】

本章的重点是 Map 和 Reduce 的原理和流程;本章的难点是 MapReduce 的功能、技术特征、架构和工作流程。

与传统数据仓库和分析技术相比,MapReduce 适合处理各种类型的数据,包括结构化、半结构化和非结构化数据。HDFS 在 MapReduce 任务处理过程中提供了对文件操作和存储的支持,MapReduce 在 HDFS 的基础上实现任务的分发、跟踪、执行、计算等工作,并收集结果。

7.1 MapReduce 简介

大数据来源非常广泛,其数据格式多样,如多媒体数据、图像数据、文本数据、实时数据、传感器数据等。传统行列结构的数据库结构已经不能满足数据处理的需求,而MapReduce可以存放和分析各种原始数据格式。

7.1.1 MapReduce

MapReduce 是面向大数据并行处理的计算模型、框架和平台。它隐含了以下三层含义:

（1）MapReduce 是一个基于集群的高性能并行计算平台。它允许用普通的商用服务器构成一个包含数十、数百至数千个结点的分布和并行计算集群。

（2）MapReduce 是一个并行计算与运行软件框架。它提供了一个庞大但设计精良的并行计算软件框架，能自动完成计算任务的并行化处理，自动划分计算数据和计算任务，在集群结点上自动分配和执行任务以及收集计算结果，将数据分布存储、数据通信、容错处理等并行计算涉及的很多系统底层的复杂细节交由系统负责处理。

（3）MapReduce 是一个并行程序设计模型与方法。它借助于函数式程序设计语言 Lisp 的设计思想，提供了一种简便的并行程序设计方法，用 Map 和 Reduce 两个函数编程实现基本的并行计算任务，提供了抽象的操作和并行编程接口，以简单方便地完成大规模数据的编程和计算处理。

下面利用 MapReduce 解决一个有趣的扑克牌问题，即"统计 54 张扑克牌中有多少张♠"，如图 7 - 1 所示。

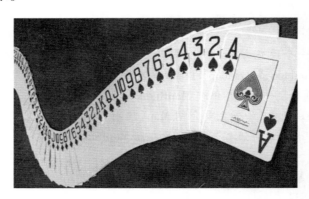

图 7 - 1   54 张扑克牌中有多少张♠

最直观的做法：手动从 54 张扑克牌中一张一张地检查并数出 13 张♠。

MapReduce 的做法及步骤如下：

（1）给在座的所有牌友（比如 4 个人）尽可能地平均分配这 54 张牌。

（2）让每个牌友数自己手中的牌有几张是♠，比如老张是 3 张，老李是 5 张，老王是 1 张，老蒋是 4 张，然后每个牌友把♠的数目分别汇报给你。

（3）你把所有牌友的♠数目加起来，得到最后的结论：一共 13 张♠。

这个例子告诉我们，MapReduce 的两个主要功能是 Map 和 Reduce。

· Map：把统计♠数目的任务分配给每个牌友分别计数。

· Reduce：每个牌友不需要把♠牌递给你，而是让他们把各自的♠数目告诉你。

还可以将问题细化：

（1）把牌分给多个牌友并且让他们同时各自计数，这就是并行计算。多个牌友在计数♠的过程中并不需要知道其他牌友在干什么，这就是分布式计算。

（2）MapReduce 假设扑克牌是洗过的（Shuffled），且扑克牌分配得尽量均匀。如果所有♠都分到了一个玩家手上，那他数牌的过程可能比其他人要慢很多。

（3）如果牌友足够多，那么 MapReduce 还能够解决更有趣的问题，比如"54 张扑克的平均值是什么(大、小王分别算0)?"MapReduce 可以提炼成"所有扑克牌牌面的数值的和"及"一共有多少张扑克牌"这两个问题来解决。显然,用牌面的数值的和除以扑克牌的张数就得到了平均值。

MapReduce 的工作机制远比以上举的小例子复杂得多,但是基本思想是类似的,即通过分散计算来分析海量数据。

7.1.2 MapReduce 功能、特征和局限性

MapReduce 为程序员提供了一个抽象的、高层的编程接口和框架,程序员仅需要关心其应用层的具体计算问题,仅需编写少量的程序代码即可。

1. MapReduce 功能

MapReduce 功能是采用分而治之的思想,把对大规模数据集的操作,分发给一个主结点管理下的各个分结点共同完成,然后通过整合各个结点的中间结果,得到最终结果。MapReduce 实现了两个功能,Map 把一个函数应用于集合中的所有成员,然后返回一个基于这个处理的结果集;Reduce 是对多个进程或者独立系统并行执行,将多个 Map 的处理结果集进行分类和归纳。MapReduce 易于实现且扩展性强,可以通过它编写出同时在多台主机上运行的程序。

以图形归类为例,其功能示意图如图 7-2 所示,实现步骤如下:

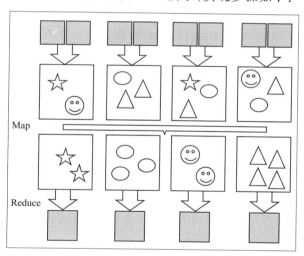

图 7-2 MapReduce 功能示意图

(1)使用 Map 对输入的数据集进行分片,如将一个☆和一个☺分成一个数据片,将一个☆、一个△和一个○分成一个数据片等。

(2)将各种图形进行归纳整理,如把两个☆归成一类,三个○归成一类等进行输出,并将输出结果作为 Reduce 的输入。

(3)由 Reduce 进行聚集并输出各个图形的个数,如☆有2个、△有4个等。

2. MapReduce 特征

目前 MapReduce 可以进行数据划分、计算任务调度、系统优化及出错检测和恢复等操作,在设计上具有以下三方面的特征。

（1）易于使用。通过 MapReduce 这个分布式处理框架，不仅能用于处理大规模数据，而且能将很多烦琐的细节隐藏起来。传统编程时程序员需要经过长期培训来熟悉大量编程细节，而 MapReduce 将程序员与系统层细节隔离开来，即使是完全没有接触过分布式程序的程序员也能很容易地掌握。

（2）良好的伸缩性。MapReduce 的伸缩性非常好，每增加一台服务器，就能将该服务器的计算能力接入到集群中。并且 MapReduce 集群的构建大多选用价格便宜、易于扩展的低端商用服务器，基于大量数据存储需要，低端服务器的集群远比基于高端服务器的集群优越。

（3）适合大规模数据处理。MapReduce 可以进行大规模数据处理，应用程序可以通过 MapReduce 在超过 1 000 个以上结点的大型集群上运行。

3. MapReduce 的局限性

MapReduce 在最初推出的几年，获得了众多的成功案例，获得业界广泛的支持和肯定，但随着分布式系统集群的规模和其工作负荷的增长，MapReduce 存在的问题逐渐浮出水面，总结如下（其中的术语参见 7.2 节）：

（1）Jobtracker 是 Mapreduce 的集中处理点，存在单点故障。

（2）Jobtracker 完成了太多的任务，造成了过多的资源消耗，当 Job 非常多的时候，会造成很大的内存开销，增加了 Jobtracker 失败的风险，旧版本的 Mapreduce 只能支持上限为 4 000 结点的主机。

（3）在 Tasktracker 端，以 Map/Reduce Task 的数目作为资源的表示过于简单，没有考虑到 CPU 内存的占用情况，如果两个大内存消耗的 Task 被调度到了一块，很容易出现内存溢出。

（4）在 Tasktracker 端，把资源强制划分为 Map Task 和 Reduce Task，如果当系统中只有 Map Task 或者只有 Reduce Task 的时候，会造成资源的浪费。

（5）源代码层面分析的时候，会发现代码非常难读，常常因为一个 Class（类）做了太多的事情，代码量达 3 000 多行，造成 Class 的任务不清晰，增加 Bug 修复和版本维护的难度。

（6）从操作的角度来看，MapReduce 在例如 Bug 修复、性能提升和特性化等并不重要的系统更新时，都会强制进行系统级别的升级。更糟糕的是，MapReduce 不考虑用户的喜好，强制让分布式集群中的每一个 Client 同时更新。

7.2　Map 和 Reduce 任务

Map 是一个映射函数，该函数可以对列表中的每一个元素进行指定的操作。

Reduce 是一个化简函数，该函数可以对列表中的元素进行适当的合并、归约。

Map 和 Reduce 是 MapReduce 的主要工作思想，用户只需要实现 Map 和 Reduce 两个接口，即可完成 TB 级数据的计算。

Map 和 Reduce 的工作流程如图 7 - 3 所示。

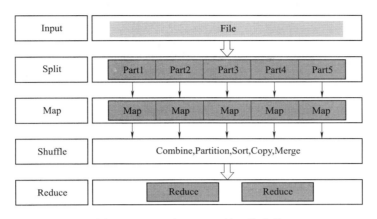

图 7 - 3　Map 和 Reduce 的工作流程

Map 和 Reduce 的工作流程及步骤简单概括如下：

（1）输入数据通过 Split 的方式，被分发到各个结点上（Split 意为分片，是 Map 任务最小的输入单位。分片是基于文件基础上衍生出来的概念，可通俗地理解成一个文件可以切分为多少个片段，每个片段包括了＜文件名，开始位置，长度，位于哪些主机＞等信息）。

（2）每个 Map 任务在一个 Split 上面进行处理。

（3）Map 任务输出中间数据。

（4）在 Shuffle 过程中，结点之间进行数据交换（Shuffle 意为洗牌，一般包含本地化混合、分区、排序、复制及合并等）。

（5）拥有同样 Key 值的中间数据即键值对（Key-Value Pair）被送到同样的 Reduce 任务中（键值对是指 Key 和 Value 之间的映射关系，一个 Key 值对应一个 Value，其中 Value 的类型和取值范围等都是任意的）。

（6）Reduce 执行任务后，输出结果。

提示：前四步为 Map 过程，后两步为 Reduce 过程。

下面，以求东三省某个时刻的每个省份的平均气温为例（为使问题简化，每个省只列举三个城市），对 Map 任务和 Reduce 任务进行形象的阐述。

（1）在 Map 阶段输入＜Key，Value＞数据，其中 Key：城市的名称，Value：所属省份、城市平均气温。

（2）Map 按省份将气温重新分组输出（排除城市名称），那么省份作为 Key 时，气温将作为 Value。

（3）使用 Map 的 Shuffle 功能，分组输出省份 Key，并得到该省的气温列表 List＜Value＞。

（4）将从 Shuffle 任务中获得的 Key、List＜Value＞数据作为 Reduce 任务的输入数据。

（5）Reduce 任务是数据逻辑的完成者，在这里就是计算各省份的平均温度。

综上所述，MapReduce 对数据的重塑过程如下：

（1）Map 输入＜K1，V1＞→ Map 输出＜K2，V2＞。

（2）Shuffle 输出＜K2，ListV2＞。

（3）Reduce 输入＜K2，List＜V2＞＞→ Reduce 输出＜K3，V3＞。

7.3 MapReduce 架构和工作流程

7.3.1 MapReduce 的架构

MapReduce 的架构是 MapReduce 整体结构与组件的抽象描述,与 HDFS 类似,MapReduce 采用了 Master/Slave(主/从)架构,其架构如图 7-4 所示。

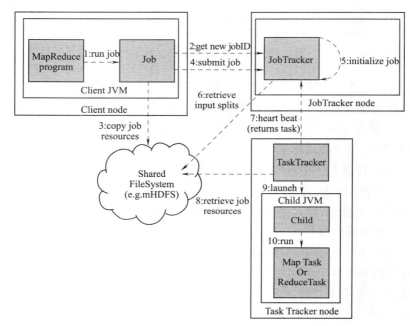

图 7-4 MapReduce 架构

在图 7-4 中,JobTracker 称为 Master,TaskTracker 称为 Slave。用户提交的需要计算的作业称为 Job(作业),每一个 Job 会被划分成若干个 Tasks(任务)。JobTracker 负责 Job 和 Tasks 的调度,而 TaskTracker 负责执行 Tasks。

MapReduce 架构由四个独立的结点(Node)组成,分别为 Client、JobTracker、TaskTracker 和 HDFS,分别介绍如下:

(1)Client:用来提交 MapReduce 作业。

(2)JobTracker:用来初始化作业、分配作业并与 TaskTracker 通信并协调整个作业。

(3)TaskTracker:将分配过来的数据片段执行 MapReduce 任务,并保持与 JobTracker 通信。

(4)HDFS:用来在其他结点间共享作业文件。

7.3.2 MapReduce 的工作流程

结合图 7-4,MapReduce 的工作流程可简单概括为 10 个工作步骤:

(1)MapReduce 在客户端启动一个作业。

（2）Client 向 JobTracker 请求一个 JobID。

（3）Client 将需要执行的作业资源复制到 HDFS 上。

（4）Client 将作业提交给 JobTracker。

（5）JobTracker 在本地初始化作业。

（6）JobTracker 从 HDFS 作业资源中获取作业输入的分割信息，根据这些信息将作业分割成多个任务。

（7）JobTracker 把多个任务分配给在与 JobTracker 心跳通信中请求任务的 TaskTracker。

（8）TaskTracker 接收到新的任务之后会首先从 HDFS 上获取作业资源，包括作业配置信息和本作业分片的输入。

（9）TaskTracker 在本地登录子 JVM。

（10）TaskTracker 启动一个 JVM 并执行任务，并将结果写回 HDFS。

本 章 小 结

MapReduce 是 Hadoop 最重要的组成模块之一。MapReduce 由 Map 和 Reduce 两部分用户程序组成，利用框架在计算机集群上根据需求运行多个程序实例来处理各个子任务，然后再对结果进行归并输出。在实际的工作环境中，MapReduce 的分布式处理框架常用于分布式 Grep、分布式排序、Web 访问日志分析、反向索引构建、文档聚类、机器学习、数据分析、基于统计的机器翻译和生成整个搜索引擎的索引等大规模数据处理工作，并且已经在很多国内知名的互联网公司得到广泛的应用。

本章重点讲解了 MapReduce 的功能、技术特征、原理、架构和工作流程等方面的知识。通过本章的学习，读者将会了解并掌握 MapReduce 的理论知识，为大数据方向的深入学习打下初步的基础。

【注释】

1. 进程：计算机中的程序关于某数据集合上的一次运行活动，是系统进行资源分配和调度的基本单位，是操作系统结构的基础。

2. 线程：是程序中一个单一的顺序控制流程。进程内一个相对独立的、可调度的执行单元，是系统独立调度和分派 CPU 的基本单位指运行中的程序的调度单位。在单个程序中同时运行多个线程完成不同的工作，称为多线程。

3. 心跳机制：定时发送一个自定义的结构体（心跳包），让对方知道自己"在线"，以确保连接的有效性的机制。

4. JVM（Java Virtual Machine，即 Java 虚拟机）：一个虚构出来的计算机，通过在实际的计算机上仿真模拟各种计算机功能。

习 题 7

一、填空题

1. MapReduce 是＿＿＿＿＿的计算模型、框架和平台。

2. MapReduce 适合处理各种类型的数据,包括_____数据。

3. MapReduce 采用了_____架构。

4. Map 功能是_____,然后返回一个基于这个处理的结果集。

5. Reduce 功能是_____,将多个 Map 的处理结果集进行分类和归纳。

6. _____意为分片,是 Map 任务最小的输入单位。

7. Shuffle 意为洗牌,一般包含本地化_____等操作。

8. 键值对是指 Key 和 Value 之间的_____关系,一个 Key 值对应一个 Value。

9. JobTracker 负责_____和 Tasks 的调度。

10. 用户提交的每一个 Job 会被划分成若干个_____。

二、简答题

1. 简述 MapReduce 的功能。

2. 简述 MapReduce 的技术特征。

3. 简述 MapReduce 的局限(至少列举出三点)。

4. 简述 MapReduce 的工作流程。

5. 简述 MapReduce 架构由哪些结点组成,以及各自的功能是什么。

NoSQL 概论 <<<

第 8 章

>>>导学

【内容与要求】

本章介绍 NoSQL 的相关基础知识和四种类型数据管理方法(包括键值存储、列存储、面向文档存储和图形存储)的特点、数据管理的基本原理及典型工具。

"NoSQL 简介"一节介绍 NoSQL 的含义、产生与特点。

"NoSQL 技术基础"一节介绍一些与 NoSQL 相关的基本知识,包括一致性策略、分区与放置策略、复制与容错技术和缓存技术等。

"NoSQL 的类型"一节介绍 NoSQL 的四种主要分类。

"典型的 NoSQL 工具"一节针对四种类型的数据存储方式,分别介绍其典型工具。

【重点与难点】

本章的重点是掌握 NoSQL 的基本知识以及分类;本章的难点是四种不同类型的数据管理方法的工作原理及典型工具。

NoSQL 越来越多地被认为是关系型数据库的可行替代品,特别适用于大数据的存储。传统的关系型数据库因其对数据模式的约束程度高和对分布式存储的支持度差等因素,已经无法满足复杂、海量的数据存储。针对目前数据表现出的数量大、结构复杂、格式多样、存储要求不一致等特点,许多新兴的打破关系模型的数据存储方案应运而生,人们将其称为 NoSQL。通常情况下,人们把 NoSQL 解释为非结构化或是非关系型数据管理方法,其实更加准确的解释应该是 NoSQL——Not Only SQL,即不仅仅是关系型数据。

8.1 NoSQL 简介

8.1.1 NoSQL 的含义

NoSQL 泛指非关系型的数据管理技术。如果说 Hadoop 是一个产品,那么 NoSQL 就是一项技术。实际上,和处理常规数据一样,任何为处理大数据而服务的产品也都要选择符合实际情况的数据管理方式。由于网络上数据量激增,传统关系型数据库不能满足生活、生产需要,越来越多的人开始放弃严整、规矩的关系模型,另辟蹊径地去拓展研发新型的数据存储方式,如键值存储、列存储、面向文档存储和图形存储等,这些都属于 NoSQL 的范畴。

　　HDFS 在 Hadoop 中扮演数据存储的角色,可以将任何类型的文件按照分布式的方法进行存储。而 NoSQL 更侧重于数据管理层面,可以应用于结构化、半结构化和非结构化数据存储。例如,Hadoop 中的 HBase 正是采用 NoSQL 中的列存储方式对数据进行管理的。在 Hadoop 的架构中,Hbase 利用 HDFS 文件系统中存放的数据来解决特定的数据处理问题。这期间,HDFS 为 HBase 提供了高可靠性的底层存储支持,MapReduce 为 HBase 提供了高性能的计算能力。

8.1.2　NoSQL 的产生

　　随着大数据时代的到来及互联网 Web 2.0 网站的兴起,传统的关系型数据库在应付海量数据存储和读取,以及超大规模、高并发的 Web 2.0 纯动态网站的数据处理方面已经显得力不从心,同时也暴露出很多难以克服的问题。而非关系型的数据管理方法则由于其本身的特点得到了非常迅速的发展,NoSQL 技术的产生就是为了应对这一挑战。NoSQL的概念最初在 2009 年被提出,对传统的数据管理方式是一次颠覆性的改变。

　　NoSQL 有很多种存储方式,拥有很多家族成员,NoSQL 的中文网站如图 8 - 1 所示,其中包括 key - value 存储、面向文档存储、列存储、图形存储和 XML 数据存储等。其实在NoSQL的概念被提出之前,这些数据存储方式就已经被用于各种系统当中,只是很少被用于 Web 互联网应用中。

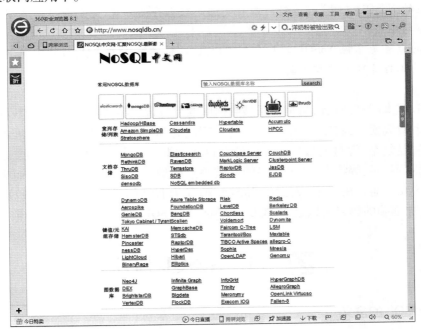

图 8 - 1　NoSQL 中文网站

NoSQL 兴起的主要原因主要是传统的关系型数据库在网络数据存取上遇到了瓶颈。

不得不说,传统的关系型数据库具有卓越的性能,高稳定性,且使用简单,功能强大。这使得传统的关系型数据库在 20 世纪 90 年代,网站访问数据量不是很大的情况下,发挥了令人瞩目的作用。

面临这些大数据管理的困扰,非关系型数据管理方式越来越被人们重视,并迅速发展。这些有别于传统关系型数据库的数据管理技术统称 NoSQL 技术。

8.1.3 NoSQL 的特点

NoSQL 技术之所以能够在大数据冲击互联网的情况下脱颖而出,主要是因为其具有以下特点:

1. 易扩展性

尽管 NoSQL 数据库种类繁多,但是它们都有一个共同的特点,就是没有了关系型数据库中的数据与数据之间的关系。很显然,当数据之间不存在关系时,数据的可扩展性就变得可行了。

2. 数据量大,性能高

NoSQL 数据库都具有非常高的读写性能,尤其在大数据量下,同样表现优秀。这得益于它的无关系性,数据之间的结构简单。一般情况下,关系型数据库使用的是 Cache 在"表"这一层面的更新,是一种大粒度的 Cache 更新,当网络上的数据发生频繁交互时,就表现出了明显劣势。而 NoSQL 使用的是 Cache 在"记录"层面的更新,是一种细粒度的 Cache 更新,所以 NoSQL 在这个方面上也显示了较高的性能特点。

3. 灵活的数据模型

由于 NoSQL 无须事先为要存储的数据建立字段,所以在应用中随时可以存储自定义的数据格式。而在关系数据库里,增删字段是一件非常麻烦的事情,尤其对数据量非常大的表而言,随时更改表结构几乎是无法实现的。而这一点在大数据量的 Web 2.0 时代尤为重要。

4. 高可用性

NoSQL 在不太影响性能的情况,就可以方便地实现高可用的架构,比如 Cassandra、HBase 模型等。

8.2 NoSQL 技术基础

NoSQL 技术对大数据的管理是怎么实现的呢?其中又要遵循哪些基本原则呢?下面对大数据的一致性策略、大数据的分区与放置策略、大数据的复制与容错技术及大数据的缓存技术等方面进行介绍。

8.2.1 大数据的一致性策略

在大数据管理的众多方面,数据的一致性理论是实现对海量数据进行管理的最基本的理论。学习这部分内容有利于读者对本章内容的阅读和深化理解。

分布式系统的 CAP 理论是构建 NoSQL 数据管理的基石。CAP,即一致性(Consistency)、可用性(Availability)和分区容错性(Partition Tolerance),如图8-2所示。

1. 一致性

一致性是指在分布式系统中的所有数据备份,在同一时刻均为同样的值。也就是当数据执行更新操作时,要保证系统内的所有用户读取到的数据是相同的。

2. 可用性

可用性是指在系统中任何用户的每一个操作均能在一定的时间内返回结果,即便当集群中的部分结点发生故障时,集群整体仍能响应客户端的读写请求。这里要强调"在一定时间内",而不是让用户遥遥无期地等待。

3. 分区容错性

以实际效果而言,分区相当于对通信的时限要求。系统如果不能在时限内达成数据一致性,就意味着发生了分区的情况,必须就当前操作在一致性和可用性之间做出选择。

从上面的解释不难看出,系统不能同时满足一致性、可用性和分区容错性这三个特性,在同一时间只能满足其中的两个,如图8-3所示。因此系统设计者必须在这三个特性中做出抉择。

图8-2　CAP理论三个特性

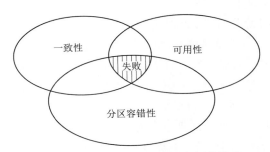

图8-3　CAP理论三个特性之间的关系

8.2.2　大数据的分区与放置策略

在大数据时代,有效地存储和处理海量的数据显得尤为重要。如果使用传统方法处理这些数据,所消耗的时间代价将十分巨大,这是人们无法接受的,所以必须打破传统的将所有数据都存放在一处,每次查找、修改数据都必须遍历整个数据集合的方法。数据分区技术与放置策略的出现正是为了解决数据存储空间不足及如何提高数据库性能等方面问题的。

1. 大数据分区技术

通俗地讲,数据分区其实就是"化整为零",通过一定的规则将超大型的数据表分割成若干小块来分别处理。表进行分区时需要使用分区键来标志每一行属于哪一个分区,分区键以列的形式保存在表中。

数据分区可以提高数据的可管理性,改善数据库性能和数据可用性,缩小了每次数据查询的范围,并且在对数据进行维护时,可以只针对某一特定分区,大幅提高数据维护的效率。

下面介绍几种常见的数据分区算法。

(1)范围分区。范围分区是最早出现的数据分区算法,也是最为经典的一个。所谓范围分区,就是将数据表内的记录按照某个属性的取值范围进行分区。

（2）列表分区。列表分区主要应用于各记录的某一属性上的取值为一组离散数值的情况，且数据集合中该属性在这些离散数值上的取值重复率很高。采用列表分区时，可以通过所要操作的数据直接查找到其所在分区。

（3）哈希分区。哈希分区需要借助哈希函数，首先把分区进行编号，然后通过哈希函数来计算确定分区内存储的数据。这种方法要求数据在分区上的分布是均匀的。

以上三种分区算法的特点和适用范围各异，在选择使用时应充分考虑实际需求和数据表的特点，这样才能真正发挥数据分区在提高系统性能上的作用。

2. 大数据放置策略

为解决海量数据的放置问题，涌现了很多数据放置的算法，大体上可以分为两大类：顺序放置策略和随机放置策略。采用顺序放置策略是将各个存储结点看成逻辑有序的，在对数据副本进行分配时先将同一数据的所有副本编号，然后采用一定的映射方式将各个副本放置到对应序号的结点上；随机放置策略通常是基于某一哈希函数来实现对数据的放置的，所以这里所谓的随机其实也是有规律的，所以很多时候称其为伪随机放置策略。

8.2.3 大数据的复制与容错技术

在大数据时代，每天都产生需要处理的大量数据，在处理数据的过程中，难免会有差错，这可能会导致数据的改变和丢失。为了避免这些数据错误的出现，必须对数据进行及时备份，这就是数据复制的重要性。同时，一旦出现数据错误，系统还要具备故障发现及处理故障的能力。

数据复制技术在处理海量数据过程中虽然是必不可少的，但是，对数据进行备份也要付出相应的代价。首先，数据的备份带来了大量的时间代价和空间代价；其次，为了减少时间和空间上的代价，研究人员投入大量的时间、人力和物力来研发提升新的数据复制策略；另外，在数据备份的过程中往往会出现意想不到的差错，此时就需要数据容错技术和相应的故障处理方案进行辅助。

构成分布式系统的计算机五花八门，每台计算机又是由各式各样的软硬件组成的，所以在整个系统中可能随时会出现故障或错误。这些故障和错误往往是随机产生的，用户无法做到提前预知，甚至是当问题发生时都无法及时察觉。如果一个系统能够对无法预期的软硬件故障做出适当的对策和应变措施，那么就可以说这个系统具备一定的容错能力。

系统故障主要可以分为以下几类，如表 8 - 1 所示。

表 8 - 1 分布式环境下的系统故障类型

故障类型	故障子类	故障语义
崩溃故障	失忆型崩溃	服务器崩溃（停机），但停机前工作正常
		服务器只能从初始状态启动，遗忘了崩溃前的状态
	中断型崩溃	服务器可以从崩溃前的状态启动
	停机型崩溃	服务器完全停机
失职故障	接收型失职	服务器对输入的请求没有响应
		服务器无法接收信件
	发送型失职	服务器无法发送信件

续表

故障类型	故障子类	故障语义
应答故障	返回值故障	服务器对服务请求做出错误反应
		返回值出现错误
	状态变迁故障	服务器偏离正确的运行轨迹
时序故障		服务器反应迟缓,超出规定的时间间隔
随意故障		服务器在任意时间产生的随意错误

处理故障的基本方法有主动复制、被动复制和半主动复制。所谓主动复制是指所有的复制模块协同进行,并且状态紧密同步。被动复制是指只有一个模块为动态模块,其他模块的交互状态由这一模块的检查单定期更新。半主动复制是前两种的混合方法,所需的恢复开销相对较低。

8.2.4 大数据的缓存技术

单机的数据库系统引入缓存技术是为了在用户和数据库之间建立一层缓存机制,把经常访问的数据常驻于内存缓冲区,利用内存高速读取的特点来提高用户对数据查询的效率。在分布式环境下,由于组成系统的各个结点配置和使用的数据库系统及文件系统不尽相同,要想在这样复杂的环境下提高对海量数据的查询效率,仅仅依靠单机的缓存技术就行不通了。

与单机的缓存技术目的相同,分布式缓存技术的出现也是为了提高系统的数据查询性能。另外,为整个系统建立一层缓冲,也便于在不同结点之间进行数据交换。分布式缓存可以横跨多个服务器,所以可以灵活地进行扩展。

从图8-4中不难看出,如果各种.NET应用、Web服务和网格计算等应用程序在短时间内集中频繁地访问数据库服务器,很有可能会导致其瘫痪而无法工作。如果在应用程序和数据库之间加上一道缓冲屏障,则可以解决这一问题。

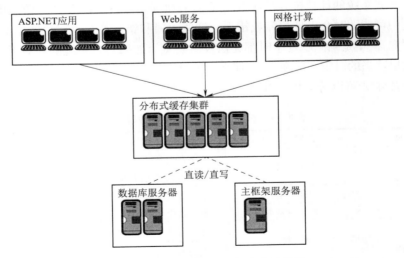

图8-4 分布式系统数据读取示意图

8.3 NoSQL 的类型

为了解决传统关系型数据库无法满足大数据需求的问题,目前涌现出了很多类型的 NoSQL 数据库技术。NoSQL 数据库种类之所以如此众多,其部分原因可以归结于 CAP 理论。

根据 CAP 理论,在一致性、可用性和分区容错性这三者中通常只能同时实现两者。不同的数据集及不同的运行时间规则迫使我们采取不同的解决方案。各类数据库技术针对的具体问题也有所区别。数据自身的复杂性及系统的可扩展能力都是需要认真考虑的重要因素。NoSQL 数据库通常分成四类:键值(Key-Value)存储、列存储(Column-Oriented)、面向文档(Document-Oriented)存储和图形存储(Graph-Oriented)。表 8 – 2 列举出了四种类型 NoSQL 的特点及典型产品。

表 8 – 2 四种类型 NoSQL 的特点及典型产品

存储类型	特性	典型工具
键值存储	可以通过键快速查询到值,值无须符合特定格式	Redis
列存储	可存储结构化和半结构化数据,对某些列的高频查询有很好的 I/O 优势	Bigtable、Hbase
面向文档存储	数据以文档形式存储,没有固定格式	CouchDB、MongoDB
图形存储	以图形的形式存储数据及数据之间的关系	Neo4J

在下面的部分里,将对这四种不同类型的数据处理方法就原理、特点和使用方面分别做出比较详细的介绍。

8.3.1 键值存储

Key-Value 键值数据模型是 NoSQL 中最基本的、最重要的数据存储模型。Key-Value 的基本原理是在 Key 和 Value 之间建立一个映射关系,类似于哈希函数。Key-Value 数据模型和传统关系数据模型相比有一个根本的区别,就是在 Key-Value 数据模型中没有模式的概念。在传统关系数据模型中,数据的属性在设计之初就被确定下来了,包括数据类型、取值范围等。而在 Key-Value 模型中,只要制定好 Key 与 Value 之间的映射,当遇到一个 Key 值时,就可以根据映射关系找到与之对应的 Value,其中 Value 的类型和取值范围等属性都是任意的,这一特点决定了其在处理海量数据时具有很大的优势。

8.3.2 列存储

列存储是按列对数据进行存储的,在对数据进行查询(Select)的过程中非常有利,与传统的关系型数据库相比,可以在查询效率上有很大的提升。

列存储可以将数据存储在列族中。存储在一个列族中的数据通常是经常被一起查询的相关数据。例如,如果有一个"住院患者"类,人们通常会同时查询患者的住院号、姓名和性别,而不是他们的过敏史和主治医生。这种情况下,住院号、姓名和性别就会被放入一个列族中,而过敏史和主治医生信息则不应该包含在这个列族中。

列存储的数据模型具有支持不完整的关系数据模型、适合规模巨大的海量数据、支持分布式并发数据处理等特点。总地来讲,列存储数据库的模式灵活、修改方便、可用性高、可扩展性强。

8.3.3 面向文档存储

面向文档存储是 IBM 最早提出的,是一种专门用来存储管理文档的数据库模型。面向文档数据库是由一系列自包含的文档组成的。这意味着相关文档的所有数据都存储在该文档中,而不是关系数据库的关系表中。事实上,面向文档的数据库中根本不存在表、行、列或关系。这意味着它们是与模式无关的。不需要在实际使用数据库之前定义严格的模式。与传统的关系型数据库和 20 世纪 50 年代的文件系统管理数据的方式相比,都有很大的区别。下面具体介绍它们的区别。

在古老的文件管理系统中,数据不具备共享性,每个文档只对应一个应用程序,也就是即使是多个不同应用程序都需要相同的数据,也必须各自建立属于自己的文件。而面向文档数据库虽然是以文档为基本单位,但是仍然属于数据库范畴,因此它支持数据的共享。这就大大减少了系统内的数据冗余,节省了存储空间,也便于数据的管理和维护。

在传统关系型数据库中,数据被分割成离散的数据段,而在面向文档数据库中,文档被看作数据处理的基本单位。所以,文档可以很长也可以很短,可以复杂也可以简单,不必受到结构的约束。但是,这两者之间并不是相互排斥的,它们之间可以相互交换数据,从而实现相互补充和扩展。

例如,如果某个文档需要添加一个新字段,那么在文档中仅需包含该字段即可,而不需要对数据库中的结构做出任何改变。所以,这样的操作丝毫不会影响到数据库中其他任何文档。因此,文档不必为没有值的字段存储空数据值。

假如在关系数据库中,需要四张表来储存数据:一个 Person 表、一个 Company 表、一个 Contact Details 表和一个用于存储名片本身的表。这些表都有严格定义的列和键,并且使用一系列的连接(Join)组装数据。虽然这样做的优势是每段数据都有一个唯一真实的版本,但这为以后的修改带来不便。此外,也不能修改其中的记录以用于不同的情况。例如,一个人可能有手机号码,也有可能没有。当某个人没有手机号码时,那么在名片上不应该显示"手机:没有",而是忽略任何关于手机的细节。这就是面向文档存储和传统关系型数据库在处理数据上的不同。很显然,由于没有固定模式,面向文档存储显得更加灵活。

面向文档数据库和关系数据库的另一个重要区别就是面向文档数据库不支持连接。因此,如在典型工具 CouchDB 中就没有主键和外键,没有基于连接的键。这并不意味着不能从 CouchDB 数据库获取一组关系数据。CouchDB 中的视图允许用户为未在数据库中定义的文档创建一种任意关系。这意味着用户能够获得典型的 SQL 联合查询的所有好处,但又不需要在数据库层预定义它们的关系。

虽然面向文档数据库的操作方式在处理大数据方面优于关系数据库,但这并不意味着面向文档数据库可以完全替代关系数据库,而是为更适合这种方式的项目提供一种更佳的选择,如 wikis、博客和文档管理系统等。

8.3.4 图形存储

图形存储是将数据以图形的方式进行存储。在构造的图形中,实体被表示为结点,实体与实体之间的关系则被表示为边。其中最简单的图形就是一个结点,也就是一个拥有属性的实体。关系可以将结点连接成任意结构。那么,对数据的查询就转化成了对图的遍历。图形存储最卓越的特点就是研究实体与实体间的关系,所以图形存储中有丰富的关系表示,这在 NoSQL 成员中是独一无二的。

在具体的情况下,可以根据算法从某个结点开始,按照结点之间的关系找到与之相关联的结点。例如,想要在住院患者的数据库中查找"负责外科 15 床患者的主治医生和主管护士是谁",这样的问题在图形数据库中就很容易得到解决。

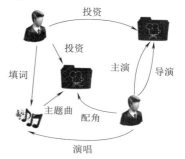

下面利用一个实例说明在关系复杂的情况下,图存储较关系型存储的优势。在一部电影中,演员常常有主角、配角之分,还要有投资人、导演、特效等人员的参与。在关系模型中,这些都被抽象为 Person 类型,存放在同一个数据表中。但是,现实的情况是,一位导演可能是其他电影或者电视剧的演员,更可能是歌手,甚至是某些影视公司的投资者。在这个实例中,实体和实体间存在多个不同的关系,如图 8-5 所示。

图 8-5 实体及实体间关系

在关系型数据库中,要想表达这些实体及实体间联系,首先需要建立一些表,如表示人的表,表示电影的表、表示电视剧的表、表示影视公司的表等。要想研究实体和实体之间的关系,就要对表建立各种联系,如图 8-6 所示。由于数据库需要通过关联表来间接地实现实体间的关系,这就导致数据库的执行效能下降,同时数据库中的数量也会急剧上升。

图 8-6 关系模型中的表及表间联系

除了性能之外,表的数量也是一个非常让人头疼的问题。刚刚仅仅是举了一个具有四个实体的例子:人、电影、电视剧、影视公司。现实生活中的例子可不是这么简单。不难看出,当需要描述大量关系时,传统的关系型数据库显得不堪重负,它更擅长的是实体较多但关系简单的情况。而对于一些实体间关系比较复杂的情况,高度支持关系的图形存储才是正确的选择。它不仅仅可以带来运行性能的提升,更可以大大提高系统开发效率,减少维护成本。

在需要表示多对多关系时,常常需要创建一个关联表来记录不同实体的多对多关系,而且这些关联表常常不用来记录信息。如果两个实体之间拥有多种关系,那么就需要在它们之间创建多个关联表。而在一个图形数据库中,只需要标明两者之间存在着不同的关系,例如,用 DirectBy 关系指向电影的导演,或用 ActBy 关系来指定参与电影拍摄的各个演员。同时在 ActBy 关系中,更可以通过关系中的属性来表示其是否是该电影的主演。而且从上面所展示的关系的名称上可以看出,关系是有向的。如果希望在两个结点集间建立双向关系,就需要为每个方向定义一个关系。这两者的比较如图 8 – 7 所示。

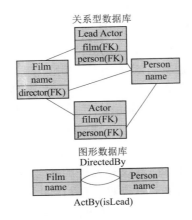

图 8 – 7　关系模型与图形存储的比较

8.4　典型的 NoSQL 工具

由于大数据时代刚刚到来,基于各类数据模型开发的数据库系统层出不穷,各个公司机构之间的竞争十分激烈。本节将介绍目前实际应用中比较典型的三个 NoSQL 工具,以此来代表四种不同的 NoSQL 数据管理类型。

8.4.1　Redis

Redis 是一个典型的开源 Key-Value 数据库。目前 Redis 的最新版本为 3.2.0。用户可以在 Redis 官网 http://redis.io/download 上获取最新的版本代码。

1. Redis 的运行平台

Redis 可以在 Linux 和 Mac OS X 等操作系统下运行使用,其中 Linux 为主要推荐的操作系统。虽然官方没有提供支持 Windows 的版本,但是微软开发并维护一个 Win-64 的 Redis 端口。

2. Redis 的特点

(1)支持存储的 Value 类型多样。与传统的关系型数据库或是其他非关系型数据库相比,Redis 支持存储的 Value 类型是非常多样的,不仅限于字符串,还包括 String(字符串)、Hash(哈希)、List(链表)、Set(集合)和 Zset(有序集合)等。

(2)存储效率高,同步性好。为了保证效率,Redis 将数据缓存在内存中,并周期性地把更新的数据写入磁盘或者把修改操作写入追加的记录文件中,并且在此基础上实现了主从同步。

8.4.2　Bigtable

Bigtable 是 Google 在 2004 年开始研发的分布式结构化数据存储系统,运用按列存储数据的方法,是一个未开源的系统。目前,已经有超过百余个项目或服务是由 Bigtable 来提供技术支持的,如 Google Analytics、Google Finance、Writely、Personalized Search 和 Google Earth 等。Bigtable 的许多设计思想还被应用在很多其他 NoSQL 数据库中。

1. Bigtable 的数据模型

Bigtable 不支持完整的关系数据模型,相反,Bigtable 为客户提供了简单的数据模型,利用这个模型,客户可以动态控制数据的分布和格式,即对 BigTable 而言,数据是没有格式的,用户可以自己去定义。

2. Bigtable 的存储原理和架构

Bigtable 将存储的数据都视为字符串,但是 Bigtable 本身不去解析它们。通过仔细选择数据的模式,客户可以控制数据的位置相关性,并根据 BigTable 的模式参数来控制数据是存放在内存中还是硬盘上。

Bigtable 数据库的架构,由主服务器和分服务器构成,如图 8 - 8 所示。如果把数据库看成一张大表,那么可将其划分为许多基本的小表,这些小表就称为 Tablet,是 Bigtable 中最小的处理单位。Bigtable 主要包括三个主要部分:一个主服务器、多个 Tablet 服务器和链接到客户端的程序库。主服务器负责将 Tablet 分配到 Tablet 服务器,检测新增和过期的 Tablet 服务器,平衡 Tablet 服务器之间的负载,GFS 垃圾文件的回收,数据模式的改变(如创建表)等。Tablet 服务器负责处理数据的读写,并在 Tablet 规模过大时进行拆分。图 8 - 8 中的 Google WorkQueue 是一个分布式的任务调度器,主要用来处理分布式系统队列分组和任务调度,负责故障处理和监控;GFS 负责保存 Tablet 数据及日志;Chubby 负责帮助主服务器发现 Tablet 服务器,当 Tablet 服务器不响应时,主服务器就会通过扫描 Chubby 文件获取文件锁,如果获取成功就说明 Tablet 服务器发生了故障,主服务器就会重做 Tablet 服务器上的所有 Tablet。

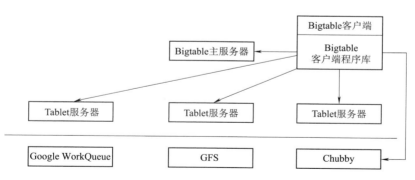

图 8 - 8　Bigtable 的系统架构

8.4.3　CouchDB

CouchDB 是一个开源的面向文档的数据管理系统。Couch 即 Cluster Of Unreliable

Commodity Hardware,反映了 CouchDB 的目标具有高度可伸缩性,提供了高可用性和高可靠性,即使运行在容易出现故障的硬件上也是如此。CouchDB 最初是用 C++编写的,在 2008年4月,这个项目转移到 Erlang/OTP 平台进行容错测试。Erlang 语言是一种并发性的函数式编程语言,可以说它是因并发而生,因大数据云计算而热,OTP 是 Erlang 的编程框架,是一个 Erlang 开发的中间件。

CouchDB 是用 Erlang 开发的面向文档的数据库系统,是完全面向 Web 的,截至 2014年 10 月最新版本为 CouchDB 1.6.1。

1. CouchDB 的运行平台

CouchDB 可以安装在大部分操作系统上,包括 Linux 和 Mac OS X。CouchDB 可以从源文件安装,也可以使用包管理器安装,是一个顶级的 Apache Software Foundation 开源项目,并允许用户根据需求使用、修改和分发该软件。

2. CouchDB 的文档更新

传统的关系数据库管理系统有时使用并发锁来管理并发性,从而防止其他客户机访问某个客户机正在更新的数据。这就防止了多个客户机同时更改相同的数据,但对于多个客户机同时使用一个系统的情况,数据库在确定哪个客户机应该接收锁并维护锁队列的次序时会遇到困难。

CouchDB 的文档更新模型是无锁的。客户端应用程序加载文档,应用变更,再将修改后的数据保存到服务器主机上,这样就完成了文档编辑。如果一个客户端试图对文档进行修改,而此时其他客户端也在编辑相同的文档,并优先保存了修改,那么该客户端在保存时将会返回编辑冲突(Edit Conflict)错误。为了解决更新冲突,可以获取到最新的文档版本,重新修改后再尝试更新。文档更新操作,包括对文档的添加、编辑和删除具有原子性,要么全部成功,要么全部失败。数据库永远不会出现部分保存或者部分编辑的文档。

3. CouchDB 与 SQL 的对比

与传统的 SQL 相比,CouchDB 在对数据的要求和查询操作等方面都存在很大的不同,表 8-3 从这几个方面对二者进行了比较。

表 8-3 传统的 SQL 和 CouchDB 的对比

传统 SQL 数据库	CouchDB
结构需要预定义,并遵循一定的模式	结构无需预定义,没有固定模式
是结构统一的表的集合	是任意结构的文档的集合
数据需要满足一定的范式,数据无冗余	数据不必满足任何范式,存在数据冗余
用户需要事前清楚表结构	用户无须了解文档结构,甚至是文档名
属于静态模式下的动态查询	属于动态模式下的静态查询

本章小结

20 世纪,各网站的访问量一般都不大,用单个数据库完全可以轻松应付。在那个时候,更多的都是静态网页,动态交互类型的网站不多。近年,各类型网站快速发展,论坛、博客、微博等逐渐开始引领 Web 领域的潮流。NoSQL 数据库的出现,弥补了关系数据在某些方面的不足,在某些方面能极大地节省开发和维护成本。

大大小小的 Web 站点在追求高效、高性能、高可靠性方面,大都选择了 NoSQL 技术。随着 Web 2.0 的快速发展,非关系型、分布式数据存储得到了快速的发展。NoSQL 通常被分为键值存储、列存储、面向文档存储和图形存储(Graph – Oriented)四大类。在 NoSQL 概念提出之前,这些数据库就被用于各种系统当中,但是却很少用于互联网应用。

本章首先对 NoSQL 进行简介,包括 NoSQL 的含义、产生与特点,接着介绍了 NoSQL 中涉及的数据库基础知识,并从和传统数据库比较的角度指导读者理解,然后介绍了四种主流 NoSQL 数据库的基本工作方式,最后介绍了各种类型 NoSQL 数据库的典型产品。

【注释】

1. Web 2.0:Web 2.0 是相对于 Web 1.0 的概念而来的。为了区别于传统的由网站雇员主导生成内容的 Web 1.0 时代,将由用户主导而生成内容的新互联网产品模式定义为第二代互联网,即 Web 2.0。

2. Cache:即高速缓冲存储器。

3. 哈希(Hash)函数:一般译为"散列",也有直接音译为"哈希"的,就是把任意长度的输入(又称预映射,pre –),通过散列算法,变换成固定长度的输出,该输出就是散列值。这种转换是一种压缩映射,即散列值的空间通常远小于输入的空间,不同的输入可能会散列成相同的输出,所以不可能从散列值来唯一的确定输入值。简单地说就是一种将任意长度的消息压缩到某一固定长度的消息摘要的函数。

4. DRAM(Dynamic Random Access Memory,动态随机存取存储器):是最为常见的系统内存。DRAM 只能将数据保持很短的时间。为了保持数据,DRAM 使用电容存储,所以必须隔一段时间刷新一次,如果存储单元没有被刷新,存储的信息就会丢失,关机时将会释放所有数据。

5. B-树:B-树是一种多路搜索树,是一种适用于外查找的树,因其是个平衡的多叉树而得名。

6. 并发锁:锁是一项用于多用户同时访问数据库的技术,是实现并发控制的一项重要手段,能够防止当多用户改写数据库时造成数据丢失和损坏。当有一个用户对数据库内的数据进行操作时,在读取数据前先锁住数据,这样其他用户就无法访问和修改该数据,直到这一数据修改并写回数据库解除封锁为止。

7. 分区键(Partition Key):是一个或多个表列的有序集合。分区键以列中的值来确定每个表行所属的数据分区。选择有效的分区键对于充分利用分区技术的作用来说十分关键。

8. 原子性:指一个操作或是一个程序在执行的过程中是不可中断的。

习 题 8

一、填空题

1. Hadoop 中起到 NoSQL 作用的模块是_____。

2. NoSQL 可以处理的数据类型有_____。

3. NoSQL 具有_____、数据量大且性能高、_____和_____等特点。

4. CAP 理论中的 C 是_____的缩写,其中文含义是_____。

5. 若想将数据表内的记录按照某个属性的取值范围进行分区,应该选择_____分区算法。

6. 想要提高系统的数据查询性能,避免大量客户端应用程序在短时间内集中频繁的访问数据库服务器,应该采用_____技术。

7. Key-Value 的基本原理是在 Key 和 Value 之间建立一个_____,类似于哈希函数。

8. 传统关系型数据库是按照行对数据进行查询的,与其不同的是,列存储是按照_____实现数据查询的。

9. 数据以文档形式存储,无须固定格式的数据存储方法为_____。

10. 侧重于描述实体间相互关系的数据存储方法为_____。

二、简答题

1. 简述 NoSQL 的含义,以及 NoSQL 与传统关系型数据库相比在处理大数据时的优势。

2. 简述 CAP 的含义,并解释为什么在 CAP 三个特性中只能同时满足其中的两个。

3. 简述常见的大数据分区技术有哪几种,并分别说明其特点。

4. 简述大数据缓存技术的作用。

Spark 概论 <<<

第 9 章

>>>导学

【内容与要求】

Spark 是一个围绕速度、易用性和复杂分析构建的大数据处理框架,并在近年内发展成为大数据处理领域炙手可热的开源项目。

"Spark 平台"一节介绍 Spark 的发展与 Spark 的开发语言 Scala。

"Spark 与 Hadoop"一节介绍 Hadoop 的局限与不足以及 Spark 的优点。

"Spark 处理架构及其生态系统"一节介绍 Spark 生态系统的组成与各个模块的概念与应用。

"Spark 的应用"一节介绍 Spark 的应用场景与成功案例。

【重点与难点】

本章的重点是 Hadoop 和 Spark 的关系、Spark 的优点、Spark 生态系统的组成;本章的难点是 Spark 生态系统中各个模块的概念与应用。

在大数据领域,Apache Spark(以下简称 Spark)通用并行分布式计算框架越来越受人瞩目。Spark 适合各种迭代算法和交互式数据分析,能够提升大数据处理的实时性和准确性,能够更快速地进行数据分析。

9.1 Spark 平台

Spark 和 Hadoop 都属于大数据的框架平台,而 Spark 是 Hadoop 的后继产品。由于 Hadoop 设计上只适合离线数据的计算,且在实时查询和迭代计算上存在不足,已经不能满足日益增长的大数据业务需求,因而 Spark 应运而生。Spark 具有可伸缩、在线处理、基于内存计算等特点,解决了 Hadoop 的不足,并可以直接读写 Hadoop 上任何格式的数据。可以认为,未来的大数据领域是 Spark 的天下。

9.1.1　Spark 简介

Spark 是一个开源的通用并行分布式计算框架,于 2009 年由加州大学伯克利分校的 AMP 实验室开发,是当前大数据领域最活跃的开源项目之一。Spark 是基于 MapReduce 算法实现的分布式计算,拥有 MapReduce 所具有的优点;但不同于 MapReduce 的是 Spark 将操作过程中的中间结果保存在内存中,从而不再需要读写 HDFS,因此 Spark 能更好地适用于数据挖掘与机器学习等需要迭代的 MapReduce 算法。

Spark 也称快数据,与 Hadoop 的传统计算方式 MapReduce 相比,效率至少提高 100 倍。从逻辑回归算法在 Hadoop 和 Spark 上的运行时间对比,可以看出 Spark 的效率有很大的提升,如图 9 - 1 所示。

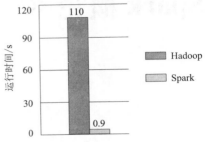

图 9 - 1　逻辑回归算法在 Hadoop 和 Spark 上的运行时间对比

Spark 框架提供多语言支持。它不仅支持编写其源码的 Scala 语言,而且对 Java 和 Python 语言也有着良好的支持。现在 Spark R 项目在紧锣密鼓的开发中,不久之后的 Spark 版本将对 R 语言提供很好的支持。

9.1.2　Spark 发展

Spark 的发展速度非常迅速。2009 年,Spark 诞生;2010 年,Spark 正式开源;2013 年,Spark 成为 Apache 基金项目;2014 年,Spark 成为 Apache 基金的顶级项目,整个过程不到 5 年时间。

Spark 广泛应用在国内外各大公司,比如国外的谷歌、亚马逊、雅虎、微软,以及国内的百度、腾讯、爱奇艺、阿里等。阿里巴巴将 Spark 应用在双十一购物节中,处理当中产生的大量实时数据;爱奇艺应用 Spark 对其业务量日益增长的视频服务提供数据分析和存储的支持;百度利用 Spark 进行大数据量网页搜索的优化实践。随着各行业数据量的与日俱增,相信 Spark 会应用到越来越多的生产场景。

9.1.3　Scala 语言

Scala 是 Spark 框架的开发语言,是一种类似 Java 的编程语言,设计初衷是实现可伸缩的语言,并集成面向对象编程和函数式编程的各种特性。Spark 能成为一个高效的大数据处理平台,与其使用 Scala 语言编写是分不开的。尽管 Spark 支持使用 Scala、Java 和 Python 三种开发语言进行分布式应用程序的开发,但是 Spark 对于 Scala 的支持却是最好的。因为这样可以和 Spark 的源代码进行更好的无缝结合,可以更方便地调用其相关功能。

Scala 在序列化、分布式框架、编码效率等多个方面都有着很好的兼容和支持,所以在构建大型软件项目和对复杂数据进行处理方面,有着很大的优势。Scala 基于 JVM,因此 Scala 可以很好地支持所有 Java 代码和类库,并且可以在编写过程中随时调用和编写 Java 语句。Scala 不仅具有面向对象的特点,而且还具有函数式编程语言的特性。

9.2 Spark 与 Hadoop

Spark 是当前流行的分布式并行大数据处理框架,具有快速、通用、简单等特点。Spark 的提出很大程度上是为了解决 Hadoop 在处理迭代算法上的缺陷。Spark 可以与 Hadoop 联合使用,增强 Hadoop 的性能。另外,Spark 增加了内存缓存、流数据处理、图数据处理等更为高级的数据处理能力。

9.2.1 Hadoop 的局限与不足

Hadoop 框架中的 MapReduce 为海量的数据提供了计算功能,但是 MapReduce 存在以下局限,使用起来比较困难。

(1)抽象层次低,需要手工编写代码来完成,用户难以上手使用。

(2)只提供两个操作:Map 和 Reduce,表达力欠缺。

(3)处理逻辑隐藏在代码细节中,没有整体逻辑。

(4)中间结果也放在 HDFS 文件系统中,中间结果不可见,不可分享。

(5)ReduceTask 需要等待所有 MapTask 都完成后才可以开始。

(6)延时长,响应时间完全没有保证,只适用批量数据处理,不适用于交互式数据处理和实时数据处理。

(7)对于图处理和迭代式数据处理性能比较差。

9.2.2 Spark 的优点

与 Hadoop 相比,Spark 真正的优势在于速度。除了速度之外,Spark 还有很多的优点,如表 9 - 1 所示。

表 9 - 1 Hadoop 与 Spark 的对比

	Hadoop	Spark
工作方式	非在线、静态	在线、动态
处理速度	高延迟	比 Hadoop 快数十倍至上百倍
兼容性	开发语言:Java 语言 最好在 Linux 系统下搭建,对 Windows 的兼容性不好	开发语言:以 Scala 为主的多语言 对 Linux 和 Windows 等操作系统的兼容性都非常好
存储方式	磁盘	既可以仅用内存存储,也可以在磁盘上存储
操作类型	只提供 Map 和 Reduce 两个操作,表达力欠缺	提供很多转换和动作,很多基本操作如 Join、GroupBy 已经在 RDD 转换和动作中实现
数据处理	只适用数据的批处理,实时处理非常差	除了能够提供交互式实时查询外,还可以进行图处理、流式计算和反复迭代的机器学习等
逻辑性	处理逻辑隐藏在代码细节中,没有整体逻辑	代码不包含具体操作的实现细节,逻辑更清晰
抽象层次	抽象层次低,需要手工编写代码来完成	Spark 的 API 更强大,抽象层次更高
可测试性	不容易	容易

9.2.3 Spark 速度比 Hadoop 快的原因分析

1. Hadoop 数据抽取运算模型

使用 Hadoop 处理一些问题(诸如迭代式计算)时,每次对磁盘和网络的开销相当大。尤其每一次迭代计算都需要将结果写到磁盘再读回来,另外,计算的中间结果还需要三个备份。Hadoop 中的数据传送与共享、串行方式、复制以及磁盘 I/O 等因素使得 Hadoop 集群在低延迟、实时计算方面表现有待改进。Hadoop 的数据抽取运算模型如图 9-2 所示。

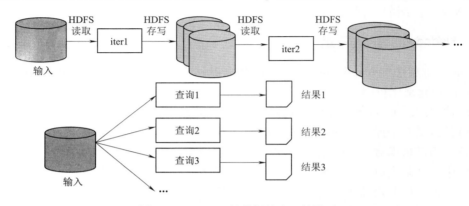

图 9-2 Hadoop 的数据抽取运算模型

从图 9-2 中可以看出,Hadoop 中数据的抽取运算是基于磁盘的,中间结果也存储在磁盘上。所以,MapReduce 运算伴随着大量的磁盘的 I/O 操作,运算速度受到了严重限制。

2. Spark 数据抽取运算模型

Spark 使用内存(RAM)代替了传统 HDFS 存储中间结果。Spark 的数据抽取运算模型如图 9-3 所示。

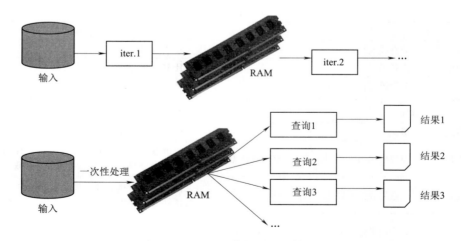

图 9-3 Spark 的数据抽取运算模型

从图 9-3 中可以看出,Spark 这种内存型计算框架比较适合各种迭代算法和交互式数据分析。每次计算可将操作过程中的中间结果存入内存中,下次操作直接从内存中读取,省去了大量的磁盘 I/O 操作,效率也随之大幅提升。

9.3　Spark 处理架构及其生态系统

Spark 的整个生态系统分为三层,如图 9-4 所示。

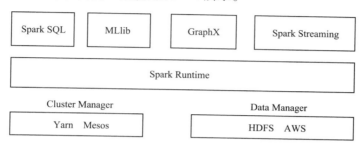

图 9-4　Spark 生态系统组成

从底向上分别为:

(1)底层的 Cluster Manager 和 Data Manager:Cluster Manager 负责集群的资源管理;Data Manager 负责集群的数据管理。

(2)中间层的 Spark Runtime,即 Spark 内核。它包括 Spark 最基本、最核心的功能和基本分布式算子。

(3)最上层为四个专门用于处理特定场景的 Spark 高层模块:Spark SQL、MLlib、GraphX 和 Spark Streaming,这四个模块基于 Spark RDD 进行了专门的封装和定制,可以无缝结合,互相配合。

9.3.1　底层的 Cluster Manager 和 Data Manager

(1)集群的资源管理可以选择 Yarn、Mesos 等。

Mesos 是 Apache 下的开源分布式资源管理框架,它被称为分布式系统的内核。Mesos 根据资源利用率和资源占用情况,在整个数据中心内进行任务调度,提供类似于 YARN 的功能。Mesos 内核运行在每台机器上,可以通过数据中心和云环境向应用程序(Hadoop、Spark 等)提供资源管理和资源负载的 API 接口。

(2)集群的数据管理则可以选择 HDFS、AWS 等。

Spark 支持两种分布式存储系统:HDFS 和 AWS。亚马逊云计算服务(Amazon Web Services,AWS)提供全球计算、存储、数据库、分析、应用程序和部署服务;AWS 提供的云服务中支持使用 Spark 集群进行大数据分析。Spark 对文件系统的读取和写入功能是 Spark 自己提供的,借助于 Mesos 分布式实现。

9.3.2　中间层的 Spark Runtime

Spark Runtime 包含 Spark 的基本功能,这些功能主要包括任务调度、内存管理、故障恢复以及和存储系统的交互等。Spark 的一切操作都是基于 RDD 实现的,RDD 是 Spark 中最核心的模块和类,也是 Spark 设计的精华所在。

1. RDD 的概念

RDD(Resilient Distributed Datasets, RDD)即弹性分布式数据集,可以简单地把 RDD 理解成一个提供了许多操作接口的数据集合。和一般数据集不同的是,其实际数据分布存储在磁盘和内存中。

对开发者而言,RDD 可以看作 Spark 中的一个对象,它本身运行于内存中,如读文件是一个 RDD,对文件进行计算是一个 RDD,结果集也是一个 RDD,不同的分片、数据之间的依赖、Key-Value 类型的 Map 数据都可以看作 RDD。RDD 是一个大的集合,将所有数据都加载到内存中,便于进行多次重用。

2. RDD 的操作类型

RDD 提供了丰富的编程接口来操作数据集合,一种是 Transformation 操作,另一种是 Action 操作。

(1) Transformation 的返回值是一个 RDD,如 Map、Filter、Union 等操作。它可以理解为一个领取任务的过程。如果只提交 Transformation 是不会提交并执行任务的,任务只有在 Action 提交时才会被触发。

(2) Action 返回的结果把 RDD 持久化起来,是一个真正触发执行的过程。它将规划以任务(Job)的形式提交给计算引擎,由计算引擎将其转换为多个 Task,然后分发到相应的计算结点,开始真正的处理过程。

Spark 的计算发生在 RDD 的 Action 操作,而对 Action 之前的所有 Transformation,Spark 只是记录下 RDD 生成的轨迹,并不会触发真正的计算。

Spark 内核会在需要计算发生的时刻绘制一张关于计算路径的有向无环图(Directed Acyclic Graph, DAG)。例如,在图 9-5 中,从输入中逻辑上生成 A 和 C 两个 RDD,经过一系列 Transformation 操作,逻辑上生成了 F,注意,这时计算没有发生,Spark 内核只是记录了 RDD 的生成和依赖关系。当 F 要进行输出(进行了 Action 操作)时,Spark 会根据 RDD 的依赖生成 DAG,并从起点开始真正的计算。

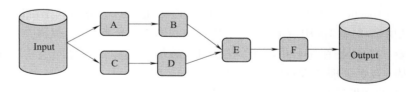

图 9-5　有向无环图 DAG 的生成

9.3.3　高层的应用模块

1. Spark SQL

Spark SQL 作为 Spark 大数据框架的一部分,主要用于结构化数据处理和对 Spark 数据执行类 SQL 的查询,并且与 Spark 生态的其他模块无缝结合。Spark SQL 兼容 SQL、Hive、JSON、JDBC 和 ODBC 等操作。Spark SQL 的前身是 Shark,而 Shark 的前身是 Hive。

Shark 比 Hive 在性能上要高出一到两个数量级,而 Spark SQL 比 Shark 在性能上又要高出一到两个数量级。

2. MLlib

MLlib 是一个分布式机器学习库,即在 Spark 平台上对一些常用的机器学习算法进行了分布式实现,随着版本的更新,它也在不断扩充新的算法。MLlib 支持多种分布式机器学习算法,如分类、回归、聚类等。MLlib 已经实现的算法如表 9 - 2 所示。

表 9 - 2   **MLlib 已经实现的算法**

算　法	功　能
Classilication/Clustenng/Regressionilree	分类算法、回归算法、决策树、聚类算法
Optimization	核心算法的优化方法实现
Stat	基础统计
Feature	预处理
Evaluation	算法效果衡量
Linalg	基础线性代数运算支持
Recommendation	推荐算法

3. GraphX

GraphX 是构建于 Spark 上的图计算模型,GraphX 利用 Spark 框架提供的内存缓存 RDD、DAG 和基于数据依赖的容错等特性,实现高效健壮的图计算框架。GraphX 的出现,使得 Spark 生态系统在大图处理和计算领域得到了完善和丰富;同时其与 Spark 生态系统其他组件进行很好的融合,以及强大的图数据处理能力,使其广泛应用在多种大图处理的场景中。

GraphX 实现了很多能够在分布式集群上运行的并行图计算算法,而且拥有丰富的 API 接口。因为图的规模大到一定的程度之后,需要将算法并行化,以方便其在分布式集群上进行大规模处理。GraphX 的优势就是提升了数据处理的吞吐量和规模。

4. Spark Streaming

Spark Streaming 是 Spark 系统中用于处理流数据的分布式流处理框架,它扩展了 Spark 流式大数据处理能力。Spark Streaming 将数据流以时间片为单位进行分割形成 RDD,能够以相对较小的时间间隔对流数据进行处理。Spark Streaming 还能够和其余 Spark 生态的模块(如 Spark SQL、GraphX、MLlib 等)进行无缝的集成,以便联合完成基于实时流数据处理的复杂任务。

如果要用一句话来概括 Spark Streaming 的处理思路,那就是"将连续的数据持久化、离散化,然后进行批量处理"。

(1)数据持久化。将从网络上接收到的数据先暂时存储下来,为事件处理出错时的事件重演提供可能。

(2)数据离散化。数据源源不断地涌进,永远没有尽头。既然不能穷尽,那么就将其按时间分片。比如采用一分钟为时间间隔,那么在连续的一分钟内收集到的数据就集中存储在一起。

(3)批量处理。将持久化下来的数据分批进行处理,处理机制套用之前的 RDD 模式。

9.4 Spark 的应用

目前大数据在互联网公司主要应用在广告、报表、推荐系统等业务上。这些业务都需要大数据做应用分析、效果分析、定向优化等。这些应用场景的普遍特点是计算量大、反复操作的次数多、效率要求高，Spark 恰恰满足了这些要求。

9.4.1 Spark 的应用场景

Spark 可以解决大数据计算中的批处理、交互查询及流式计算等核心问题。Spark 还可以从多数据源读取数据，并且拥有不断发展的机器学习库和图计算库供开发者使用。Spark 的各个子模块以 Spark 内核为基础，进一步支持更多的计算场景，例如使用 Spark SQL 读入的数据可以作为机器学习库 MLlib 的输入。表 9 – 3 列举了 Spark 的应用场景。

表 9 – 3 Spark 的应用场景

应 用 场 景	时间对比	成熟的框架	Spark
复杂的批量数据处理	小时级，分钟级	MapReduce(Hive)	Spark Runtime
基于历史数据的交互式查询	分钟级，秒级	MapReduce	Spark SQL
基于实时数据流的数据处理	秒级，秒级	Storm	Spark Streaming
基于历史数据的数据挖掘	分钟级，秒级	Mahout	SparkMLlib
基于增量数据的机器学习	分钟级	无	Spark Streaming + MLlib
基于图计算的数据处理	分钟级	无	SparkGraphX

9.4.2 应用 Spark 的成功案例

Spark 框架为批处理(Spark Core)、SQL 查询(Spark SQL)、流式计算(Spark Streaming)、机器学习(MLlib)、图计算(GraphX)提供一个统一的数据处理平台，这相对于使用 Hadoop 有很大优势。已经成功应用 Spark 的典型案例如下：

1. 腾讯

为了满足挖掘分析与交互式实时查询的计算需求，腾讯大数据采用了 Spark 平台来支持挖掘分析类计算、交互式实时查询计算以及允许误差范围的快速查询计算。

腾讯大数据精准推荐借助 Spark 快速迭代的优势，围绕"数据 + 算法 + 系统"这套技术方案，实现了在"数据实时采集、算法实时训练、系统实时预测"的全流程实时并行高维算法，最终成功应用于广点通上，支持每天上百亿的请求量。

2. Yahoo

在 Spark 技术的研究与应用方面，Yahoo 始终处于领先地位，它将 Spark 应用于公司的各种产品之中。移动 App、网站、广告服务、图片服务等服务的后端实时处理框架均采用了 Spark 的架构。

Yahoo 选择 Spark 基于以下几点进行考虑：

（1）进行交互式 SQL 分析的应用需求。

（2）RAM 和 SSD 价格不断下降，数据分析实时性的需求越来越多，大数据急需一个内存计算框架进行处理。

（3）程序员熟悉 Scala 开发，学习 Spark 速度快。

（4）Spark 的社区活跃度高，开源系统的 Bug 能够更快地解决。

（5）可以无缝将 Spark 集成进现有的 Hadoop 处理架构。

3. 淘宝

淘宝技术团队采用了 Spark 来解决多次迭代的机器学习算法、高计算复杂度的算法等。它们将 Spark 运用于淘宝的推荐相关算法上，同时还利用 Graphx 解决了许多生产问题。比如：

（1）Spark Streaming：淘宝在云梯构建基于 Spark Streaming 的实时流处理框架。Spark Streaming 适合处理历史数据和实时数据混合的应用需求，能够显著提高流数据处理的吞吐量。其对交易数据、用户浏览数据等流数据进行处理和分析，能够更加精准、快速地发现问题和进行预测。

（2）GraphX：淘宝将交易记录中的物品和人组成大规模图，并采用 GraphX 对这个大图进行处理（上亿个结点，几十亿条边）。GraphX 能够和现有的 Spark 平台无缝集成，减少多平台的开发代价。

4. 优酷土豆

优酷土豆作为国内最大的视频网站，和国内其他互联网巨头一样，率先看到大数据对公司业务的价值，早在 2009 年就开始使用 Hadoop 集群，随着这些年业务迅猛发展，优酷土豆又率先尝试了仍处于大数据前沿领域的 Spark 内存计算框架，很好地解决了机器学习和图计算多次迭代的瓶颈问题，使得公司大数据分析更加完善。

据了解，优酷土豆采用 Spark 大数据计算框架得到了英特尔公司的帮助，起初优酷土豆并不熟悉 Spark 以及 Scala 语言，英特尔帮助优酷土豆设计出具体符合业务需求的解决方案，并协助优酷土豆实现了该方案。此外，英特尔还给优酷土豆的大数据团队进行了 Scala 语言、Spark 的培训等。

本 章 小 结

本章介绍了 Spark 大数据处理框架。通过本章的学习了解 Spark 的概念与发展现状；掌握 Spark 有哪些优点（对比 Hadoop）；掌握 Spark 速度比 Hadoop 快的原因；掌握 Spark 生态系统的组成；了解 Spark 生态系统中的 Runtime、Spark SQL、MLlib、GraphX、Spark Streaming 的概念与应用；了解 Spark 的应用场景与应用 Spark 的成功案例。

【注释】

1. 迭代：是重复反馈过程的活动，其目的通常是为了逼近所需目标或结果。每一次对过程的重复称为一次"迭代"，而每一次迭代得到的结果会作为下一次迭代的初始值。

2. 流数据：流数据是一组顺序、大量、快速、连续到达的数据序列。一般情况下，数据流可被视为一个随时间延续而无限增长的动态数据集合。应用于网络监控、传感器网络、航空航天、气象测控和金融服务等领域。

3. R 语言：用于统计分析、绘图的语言和操作环境。R 语言是一个自由、免费、源代码开放的软件，它是一个用于统计计算和统计制图的优秀工具。

4. 序列化：序列化（Serialization）是将对象的状态信息转换为可以存储或传输的形式的过程。在序列化期间，对象将其当前状态写入临时或持久性存储区。以后，可以通过从存储区中读取或反序列化对象的状态，重新创建该对象。

5. 逻辑回归：是一种广义的线性回归分析模型，常用于数据挖掘、疾病自动诊断、经济预测等领域。例如，探讨引发疾病的危险因素，并根据危险因素预测疾病发生的概率等。

6. Python 语言：是一种面向对象、解释型计算机程序设计语言。Python 具有丰富和强大的库。它常被昵称为胶水语言，能够把用其他语言制作的各种模块（尤其是 C/C++）很轻松地连接在一起。

7. JSON：（JavaScript Object Notation）是一种轻量级的数据交换格式。JSON 采用完全独立于语言的文本格式，也使用了类似于 C 语言家族的习惯（包括 C、C++、C#、Java、JavaScript、Perl、Python 等）。这些特性使 JSON 成为理想的数据交换语言。

8. JDBC：Java 数据库连接（Java Data Base Connectivity，JDBC）是一种用于执行 SQL 语句的 Java API，可以为多种关系数据库提供统一访问。它由一组用 Java 语言编写的类和接口组成。

9. ODBC：开放数据库连接（Open Database Connectivity，ODBC）是微软公司开放服务结构中有关数据库的一个组成部分，它建立了一组规范，并提供了一组对数据库访问的标准 API。这些 API 利用 SQL 来完成大部分任务。ODBC 本身也提供了对 SQL 语言的支持，用户可以直接将 SQL 语句送给 ODBC。

10. 持久化：把数据（如内存中的对象）保存到可永久保存的存储设备中（如磁盘）。持久化的主要应用是将内存中的对象存储在数据库中，或者存储在磁盘文件中、XML 数据文件中等。

11. iter：迭代器（iterator）有时又称游标（cursor），是程序设计的软件设计模式，可在容器（container，例如链表或阵列）上遍访接口，设计人员无须关心容器的内容。

12. 广点通：是一个依托优质流量资源，可提供给广告主多种广告形式投放，并利用专业数据处理算法实现成本可控、效益可观、智能定位的效果广告投放系统。

13. Bug：漏洞，是在硬件、软件、协议的具体实现或系统安全策略上存在的缺陷，从而可以使攻击者能够在未授权的情况下访问或破坏系统。

习　题　9

一、填空题

1. Spark 大数据框架适合各种_____算法和交互式数据分析，能够提升大数据处理的实时性和准确性。

2. _____也称快数据，与 Hadoop 的传统计算方式 MapReduce 相比，效率至少提高 100 倍。

3. _____是 Spark 框架的开发语言,是一种类似 Java 的编程语言。

4. Spark 是当前流行的_____大数据处理框架,具有快速、通用、简单等特点。

5. 与 Hadoop 相比,Spark 真正的优势在于_____。

6. Spark 使用_____代替了传统 HDFS 存储中间结果。

7. Spark 整个生态系统分为三层,底层的_____负责集群的资源管理。

8. Spark 整个生态系统分为三层,底层的_____负责集群的数据管理。

9. Spark 整个生态系统分为三层,中间层的_____包括 Spark 最基本、最核心的功能和基本分布式算子。

10. RDD(Resilient Distributed Datasets) 即_____。

11. 对开发者而言,_____可以看作 Spark 中的一个对象,它本身运行于内存中。它是一个大的集合,将所有数据都加载到内存中,方便进行多次重用。

12. RDD 提供了丰富的编程接口来操作数据集合,一种是_____操作,另一种是 Action 操作。

13. RDD 的_____操作返回的结果把 RDD 持久化起来,是一个真正触发执行的过程。

14. Spark 内核会在需要计算发生的时刻绘制一张关于计算路径的_____,简称 DAG。

15. _____作为 Spark 大数据框架的一部分,主要用于结构化数据处理和对 Spark 数据执行类 SQL 的查询。

16. _____是一个分布式机器学习库,即在 Spark 平台对一些常用的机器学习算法进行了分布式实现

17. _____是构建于 Spark 上的图计算模型,它利用 Spark 框架提供的内存缓存 RDD、DAG 和基于数据依赖的容错等特性,实现高效健壮的图计算框架。

18. _____是 Spark 系统中用于处理流数据的分布式流处理框架,扩展了 Spark 流式大数据处理能力。

19. Spark Streaming 将数据流以时间片为单位进行分割形成_____,能够以相对较小的时间间隔对流数据进行处理。

20. Spark Streaming 能够和其余 Spark 生态的模块进行无缝的集成,以便联合完成基于_____处理的复杂任务。

二、简答题

1. 简述 Hadoop 的框架中的 MapReduce 的局限与不足。

2. 与 Hadoop 进行比较,Spark 在工作方式、处理速度、存储方式和兼容性等方面有哪些优点?

3. 从数据抽取运算模型分析 Spark 速度比 Hadoop 快的原因。

4. 简述 Spark 整个生态系统分为哪三层。

5. 简述什么是 RDD。

6. 简述什么是 RDD 的 Transformation 操作和 Action 操作。

7. 通过图 9-5,简述什么是 DAG,以及 DAG 是如何生成的。

8. 简述什么是 Spark SQL。

9. 简述什么是 GraphX。

10. 简述什么是 Spark Streaming 的数据持久化、离散化和批量处理。

云计算与大数据 <<<

>>> 导学

【内容与要求】

云计算与大数据是目前 IT 界两大炙手可热的话题。云计算的核心是数据,具体而言就是能实现海量、多类型、高负载、高性能、低成本需求的数据管理技术。

"云计算简介"一节要求读者了解云计算定义;熟悉云计算基本特征;掌握云计算服务模式相关知识。

"云计算核心技术"一节要求读者熟悉虚拟化技术;了解常见的虚拟化软件及其应用;熟悉资源池化技术与云计算资源池的应用原理;掌握云计算部署模式及相关知识。

"云计算应用案例"一节要求读者熟悉并掌握常用的云服务应用与虚拟仿真软件 VMware Workstation 的使用方法。

【重点与难点】

本章的重点是云计算的基本特征、服务模式、部署模式与常见云应用;本章的难点是云计算的虚拟化与资源池化技术。

大数据挖掘处理需要云计算作为平台,大数据涵盖的价值和规律能够使云计算与行业应用相结合并发挥更大的作用。首先,云计算将计算资源作为服务支撑大数据挖掘,进而大数据可以为实时交互的海量数据查询、分析提供其所需的价值与信息。其次,云计算与大数据的结合将成为人类认识事物的新途径。由此可知,大数据技术需要通过云计算方法来实现。

10.1 云计算简介

从广义上来说,云计算是通过网络提供可伸缩的、廉价的分布式计算能力。其代表了以虚拟化技术为核心、以低成本为目标的动态可扩展网络应用基础设施,是最具代表性的网络计算技术与模式。

10.1.1 云计算

云计算以美国国家标准与技术研究所(National Institute of Standards and Technology, NIST)的定义为代表:云计算是一种用于对可配置共享资源池(网络、服务器、存储、应用和服务),通过网络方便的、按需获取的模型,它以最少的管理代价或以最少的服务商参与,快速地部署与发布。NIST 定义的云计算架构具有三种服务模式、四种部署模式与五个关键功能,如图 10-1 所示。

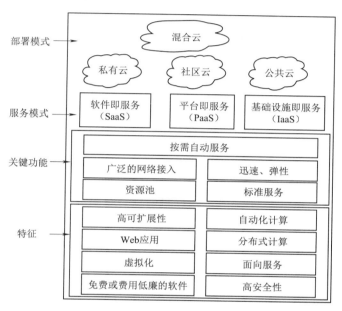

图 10-1 NIST 的云计算基本架构

从技术角度来看,云计算可以分为两种不同的技术方法。第一种是分布式计算与存储的技术,以 MapReduce 为代表。第二种是将集中的资源分割后分散使用的技术,即实现资源集约与分配的技术,主要有两类,一类是虚拟化技术,包括对计算资源、网络资源、存储资源等的虚拟化;另一类是各种资源的精细化管理技术。

对于云计算的进一步理解,可以认为云计算技术是未来数字社会中 IT 的主要运营方式。未来 IT 世界只有两种角色:云的提供者与云的消费者,前者像发电厂,后者像用电者,人们简单地打开开关,就可以方便地使用 IT,并且按需使用,按量计费。

10.1.2 云计算与大数据的关系

云计算是大数据分析与处理的一种重要方法,云计算强调的是计算,而大数据则是计算的对象。如果数据是财富,那么大数据就是宝藏,云计算就是挖掘和利用宝藏的利器。

云计算以数据为中心,以虚拟化技术为手段来整合服务器、存储、网络、应用等在内的各种资源,形成资源池并实现对物理设备集中管理、动态调配和按需使用。借助云计算,可以实现对大数据的统一管理、高效流通和实时分析,挖掘大数据的价值,发挥大数据的意义。

云计算为大数据提供了有力的工具和途径,大数据为云计算提供了有价值的用武之地。将云计算和大数据结合,人们就可以利用高效、低成本的计算资源分析海量数据的相关性,快速找到共性规律,加速人们对于客观世界有关规律的认识。云计算和大数据关系密不可分,相辅相成,如图 10 - 2 所示。

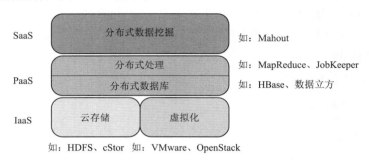

图 10 - 2　云计算与大数据的关系

10.1.3　云计算基本特征

云计算是计算机技术和网络技术发展融合的产物,是将动态的、易扩展且被虚拟化的计算资源通过互联网提供的一种服务。云计算的核心思想是将大量用网络连接的计算资源进行统一管理和调度,构成一个计算资源池,根据用户需求提供服务。云计算具有以下特征。

1. 强大的虚拟化能力

在云计算基础设施中,各种计算资源被连接在一起,形成统一的资源池,动态地部署并分配给不同的应用和服务,满足它们在不同时刻的需求。云计算支持用户在任意位置、使用各种终端获取应用服务。用户无须了解也不用担心应用运行的具体位置,只需一个能连接网络的终端,就可以通过网络服务来实现所需要的一切。

2. 高可扩展性

"云"的规模可以动态伸缩,以满足应用和用户规模不断增长的需要。随着用户对云计算需求的不断变化,系统可以自动进行扩展。

3. 按需服务

"云"是一个庞大的资源池,可以根据用户的需求进行定制,并且可以像自来水、电、天然气那样提供计量服务。

4. 网络化的资源接入

基于云计算的应用服务是通过网络来提供的,在"云"的支撑下,可以构造出千变万化的应用,并通过网络提供给最终用户,网络技术的发展是推动云计算技术的首要动力。

5. 高可靠性

"云"通过使用数据多副本容错、计算结点可互换等方法来保障服务的高可靠性。

10.1.4　云计算服务模式

目前,云计算仍处于初级发展阶段,各类厂商正在开发不同的云计算服务,包括成熟的应用程序、存储服务和垃圾邮件过滤等。云计算以其基于面向服务的体系结构理念和技术,将计算资源和应用变成各种服务,可以说云服务即一切皆服务。

基础设施即服务(Infrastructure as a Service,IaaS)、平台即服务(Platform as a Service,PaaS)、软件即服务(Software as a Service,SaaS)是云计算的三种应用服务模式。云计算服务体系如图10-3所示。

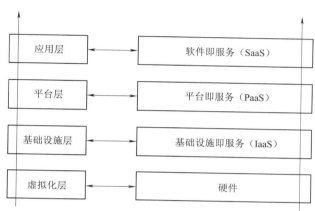

图 10-3 云计算服务体系

1. 软件即服务

SaaS针对终端用户,是通过互联网提供软件的服务模式,即服务提供商将应用软件统一部署在其服务器上,客户可以根据自己的实际需求,通过互联网向服务提供商订购所需要的应用软件服务,按照订购服务数量的多少和使用时间的长短支付费用。

SaaS的典型应用包括在线邮件服务、网络会议、网络传真、在线杀毒等各种工具型服务,在线客户关系管理系统、在线人力资源系统、在线项目管理等各种管理型服务,以及网络搜索、网络游戏、在线视频等娱乐性应用。SaaS是未来软件业的发展趋势,目前已吸引了众多厂商的参与,包括Microsoft在内的国外各大软件巨头都推出了自己的SaaS应用,用友、金蝶等国内软件巨头也推出了自己的SaaS应用。

2. 平台即服务

PaaS针对开发者,把开发环境作为一种服务来提供。PaaS可为企业或个人提供研发平台,并提供应用程序开发、数据库、应用服务器、试验、托管及应用服务。客户不需要管理或者控制底层的云基础设施(网络、服务器、操作系统、存储等),但能够部署应用程序及配置应用程序的托管环境。

PaaS服务模式可以归类为应用服务器、业务能力接入、业务引擎和业务开放平台。PaaS服务模式向下根据业务需要测算基础服务能力,调用硬件资源;向上提供业务调度中心服务,实时监控平台的各种资源,并将这些资源通过应用程序编程接口(Application Programming Interface,API)开放给SaaS用户。目前PaaS的典型实例有Microsoft的WindowsAzure平台、Facebook的开发平台等。

3. 基础设施服务

IaaS针对开发者,厂商把由多台服务器组成的"云端"基础设施作为计量服务提供给客户。IaaS 将内存、I/O 设备、存储和计算能力整合成一个虚拟资源池,为客户提供存储资源和虚拟化服务器等各种服务。这种形式的云计算把开发环境作为一种服务来提供,厂商可以使用中间商的设备来开发自己的程序,并通过互联网和服务器传递给用户。

IaaS 的优点是客户只需要具备低成本的硬件,按需租用相应的计算能力和存储能力,从而大大降低了客户在硬件方面的支出。目前 Microsoft、Amazon、世纪互联和其他一些提供存储服务和虚拟服务器的提供商可以提供这种基于硬件基础的 IaaS 服务,它们通过云计算的相关技术,把内存、I/O 设备、存储和计算能力集中起来成为一个虚拟的资源池,从而为最终用户和 SaaS、PaaS 提供商提供服务。

10.2 云计算核心技术

随着云计算与大数据的兴起,虚拟化与资源池化技术已经成为云计算中的核心,是可以将各种计算及存储资源充分整合和高效利用的关键技术。它们通过虚拟化手段将系统中各种异构的硬件资源转换成灵活统一的虚拟资源池,进而形成云计算基础设施,为上层云计算平台和云服务提供相应的支撑。

10.2.1 虚拟化技术

虚拟化是指计算在虚拟的基础上运行。虚拟化技术是指把有限的、固定的资源根据不同需求进行重新规划以达到最大利用率的技术。

云计算基础架构广泛采用包括计算虚拟化、存储虚拟化、网络虚拟化等虚拟化技术。并通过虚拟化层,屏蔽了硬件层自身的差异和复杂度,向上呈现为标准化、可灵活扩展和收缩、弹性的虚拟化资源池,如图 10-4 所示。

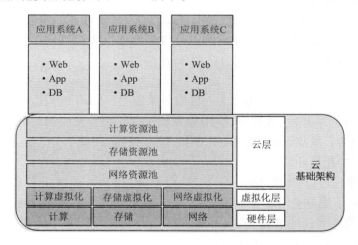

图 10-4 云计算虚拟化部署架构图

相对于传统 IT 基础架构,云计算通过虚拟化整合与自动化,应用系统共享基础架构资源池,实现高利用率、高可用性、低成本与低能耗。并通过云平台层的自动化管理,构建

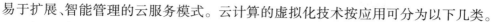

易于扩展、智能管理的云服务模式。云计算的虚拟化技术按应用可分为以下几类。

1. 服务器虚拟化

服务器虚拟化是指将虚拟化技术应用于服务器上,将一台或多台服务器虚拟化为若干服务器使用。通常,一台服务器只能执行一个任务,导致服务器利用率低下。采用服务器虚拟化技术后,可以在一台服务器上虚拟出多个虚拟服务器,每个虚拟服务器运行不同的服务,这样便可提高服务器的利用率,节省物理存储空间及电能。

2. 桌面虚拟化

桌面虚拟化是指将计算机的终端系统(也称桌面)进行虚拟化,以达到桌面使用的安全性和灵活性。桌面虚拟化可以使用户以通过任何设备,在任何地点、任何时间通过网络访问属于个人的桌面系统,获得与传统 PC 一致的用户体验。

3. 应用虚拟化

应用虚拟化是指将各种应用发布在服务器上,客户通过授权之后就可以通过网络直接使用,获得如同在本地运行应用程序一样的体验。

4. 存储虚拟化

存储虚拟化是指将整个云系统的存储资源进行统一整合管理,为用户提供一个统一的存储空间。存储虚拟化可以以最高的效率、最低的成本来满足各类不同应用在性能和容量等方面的需求。

5. 网络虚拟化

网络虚拟化是指让一个物理网络支持多个逻辑网络,虚拟化保留了网络设计中原有的层次结构、数据通道和所能提供的服务,使得最终用户的体验和独享物理网络一样,同时网络虚拟化技术还可以高效地利用空间、能源、设备容量等网络资源。

10.2.2 虚拟化软件及应用

虚拟化技术是云计算的关键技术,虚拟化平台是进一步完成云计算部署的基础。主流的虚拟化软件包括 EMC 公司的 VMware vSphere、Microsoft 公司的 Virtual PC、Red Hat 公司的 Red Hat Enterprise Virtualization 等。

1. VMware

VMware 在虚拟化和云计算基础架构领域占据主导地位和最大的市场份额。VMware 虚拟化产品主要有服务器虚拟化产品 vSphere Standard(标准版)、vSphere Enterprise(企业版)、vSphere Enterprise Plus(企业增强版)以及 vSphere with Operations Management,网络虚拟化产品 NSX,存储虚拟化产品 VMware Virtual SAN,桌面虚拟化产品 Horizon、Fusion 和 Mirage。

2. Microsoft

Microsoft 虚拟化产品主要有服务器虚拟化产品 Windows Server 2008(2012)Hyper-V、桌面虚拟化产品 Virtual Desktop Infrastructure、Microsoft Virtual PC、Microsoft Enterprise Desktop Virtualization、应用程序虚拟化产品 Microsoft Application Virtualization(App-V)、虚拟化管理产品 Microsoft System Center Virtual Machine Manager。

3. Red Hat

Red Hat 使用开源的方法提供可靠和高性能的云、虚拟化、存储、Linux 和中间件技术。

Red Hat 在 2008 年收购 Qumranet 公司,获得内核虚拟机(Kernel-based Virtual Machine, KVM)管理程序,确定虚拟化方向。Red Hat 虚拟化产品主要有服务器和桌面虚拟化 RHEV。

　　4. 三种虚拟化软件的对比

　　虚拟化软件的功能直接影响云计算平台的部署,以此对虚拟化软件核心功能进行了比较,如表 10 - 1 所示。

表 10 - 1　虚拟化软件功能对比

软 件 特 点	VMware vSphere 6.0	Windows Server 2012 HYPER - V	Red Hat Enterprise Virtualization
最大虚拟 CPU 数	4 096	2 048	无限制
最大虚拟内存	4 TB	1 TB	4 TB
客户机支持的操作系统	Linux、 UNIX、 Windows XP/ Vista/ 7/ 8	Windows Server 2003/2008/ 2012 (certain SPs only) Windows XP/ Vista/7/8, Red Hat Enterprise Linux 5 +/6 +	Windows Server 2003/2008/ 2010/2012,Windows XP/7/ 8,Red Hat Enterprise Linux 3/4/5/6/7,Linux Enterprise Server 10/11,其他开源操作系统
虚拟机实时迁移	Y	Y	Y
支持集群系统	Y	Y	Y
省电模式	Y	N	Y
负载均衡调度	Y	Y	Y
共享资源池	Y	Y	Y
热添加虚拟机网卡、磁盘	Y	Y	Y
热添加虚拟处理器 vcpu 和 RAM	Y	N	N

10.2.3　资源池技术

　　资源池是指云计算数据中心中所涉及的各种硬件和软件的集合。云计算把所有计算的资源整合成计算资源池,所有存储的资源整合成存储资源池,把全部 IT 资源都变成一个个池子,再基于这些基础架构的资源池上面去建设应用,以服务的方式去交付资源。

　　例如,广州市通过云平台形成面向民生的公共数据资源池,并通过开通微信"城市服务"功能,将医疗、交管、交通、公安户政、出入境、缴费、教育、公积金等 17 项民生服务汇聚到统一的平台上,市民通过一个入口即可找到所需服务,诸如户口办理等基础服务也无须多次往返办事窗口,手机上即可一次性完结。由此可见,具有大数据分析能力的平台既可以基于数据开发更多的民生类应用,又可以将采集到的数据开放给公共数据资源池,进而形成积极利用大数据的氛围和良性循环。

　　1. 云计算资源池的应用原理

　　云计算资源池是通过虚拟化技术,将 IT 支撑系统的设备组成资源池系统,通过 IT 软硬件厂商提供的管理工具、协议和开放接口,实现对资源池中各种资源及设备的管理,并完成资源部署、配置、调度等操作任务。云计算资源池的结构如图 10 – 5 所示。

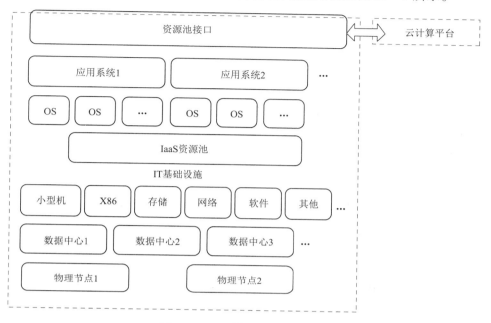

图 10 – 5　云计算资源池的结构

单结点的云计算资源池范围通常为一个物理结点,包含的 IT 资源分布在距离不超过数百米的同一个机楼内;跨物理地域的跨域云资源池系统的范围可以是一个物理地区,包含的 IT 资源可分布于跨地域的不同城市,内部可划分多个逻辑数据中心与逻辑资源池。

2. 云计算资源池的规划原则

云计算资源池的规划原则包括功能分类原则、容量匹配原则和一致化原则。

(1)功能分类原则。功能分类原则是指在进行资源池规划时,根据对管理精细化程度的要求,按照资源能力的不同属性划分或定义不同的资源池。

如在私有云中,通常会定义 IP 地址资源池,以便将可用的 IP 地址分配给特定业务应用,但通常不会将某个服务器虚拟化集群的网络接口带宽定义为带宽资源池,因为在私有云中通常不会限制某个业务应用所占用的网络带宽;而在公有云中,就需要定义带宽资源池,以便将带宽分配给特定的虚拟机使用,从而避免影响其他租户的服务质量。

(2)容量匹配原则。容量匹配原则是指在规划资源池时注意不同功能资源池间容量的相互匹配。

如某个由 20 台物理服务器构成的虚拟化计算资源池,如果按照 7∶1 的虚拟化整合比进行估算,可支持 140 台虚拟服务器运行,对应 IP 地址资源池则需要 140 个可用 IP 地址;如果每台服务器的平均存储空间 200 GB,则对应的共享存储资源池可用容量应为 28 TB。过多或过少的匹配资源会造成资源的浪费或短缺。

(3)一致化原则。一致化原则是指在规划资源池时,对于构成某个资源池或某类资源池的构成组件应尽量一致化,以减少构成组件管理能力上的差异,降低管理工作的复杂程度。

资源池是数据中心广泛使用虚拟化技术后新出现的管理对象,原有的管理对象不但没有减少,而且由于虚拟化实例构建的便捷性,导致虚拟化实例的数量爆发性增长。应用一致化原则,可以减少资源池构成组件的类型,保证系统整体可用性的前提下,实现运营维护流程的标准化和简单化;降低资源池组件管理接口的复杂程度,有利于资源分配管理和资源池构建管理自动化工具的实现。

10.2.4 云计算部署模式

云计算按照其资源交付的范围,有三种部署模式,即公有云、私有云和混合云,如图 10 – 6 所示。

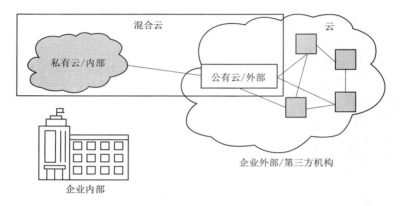

图 10 – 6　云计算部署模式

1. 公有云

公有云是指为外部客户提供服务的云。它所有的服务是供别人使用的,而不是自己用的。目前,典型的公有云有 Microsoft 的 Windows Azure Platform、Amazon 的 AWS、Salesforce. com,及国内的阿里巴巴、用友伟库等。

对于使用者而言,公有云的最大优点是,其所应用的程序、服务及相关数据都存放在公共云的提供者处,自己无须做相应的投资和建设。目前最大的问题是,由于数据不存储在自己的数据中心,其安全性存在一定风险;同时,公有云的可用性不受使用者控制,这方面也存在一定的不确定性。

2. 私有云

私有云是指企业自己使用的云。它所有的服务不是供别人使用的,而是供自己内部人员或分支机构使用的。私有云的部署比较适合于有众多分支机构的大型企业或政府部门。随着这些大型企业数据中心的集中化,私有云将会成为它们部署 IT 系统的主流模式。

相对于公有云,私有云部署在企业内部,因此其数据安全性、系统可用性都可由企业控制。其缺点是投资较大,尤其是一次性的建设投资较大。

3. 混合云

混合云是指供自己和客户共同使用的云。它所提供的服务既可以供别人使用,也可以供自己使用。相比较而言,混合云的部署方式对提供者的要求较高。

云计算代表着未来信息技术的发展方向,在理念和模式上给传统的软硬件行业带来了巨大的变革。随着云计算技术的发展,其应用服务模式也将不断丰富和发展,将为人们提供更加便捷的服务,进一步满足人们的需要。

10.3 云计算应用案例

在云计算技术的驱动下,云计算的发展及其所提供的社会化服务,为信息化改革提供了强大的技术支撑。本节内容中对常用的云计算应用案例进行了介绍。

【例10-1】申请百度网盘。百度网盘是一项云存储服务,首次注册即有机会获得 15 GB 的空间,用户可以轻松把自己的文件上传到网盘上,并可以跨终端随时随地查看和分享。

操作步骤:

(1)输入网址 http://pan.baidu.com/ ,进入"百度云网盘"网站,如图 10-7 所示。

图 10-7 "百度云网盘"网站

(2)进入百度网盘登录界面,用百度、微博或 QQ 账号登录。也可以单击下面的"立即注册百度账号"进行注册,百度账号注册界面如图 10-8 所示。

图 10-8 百度账号注册界面

（3）注册后,就获得了免费的 5 GB 的百度网盘,可以开始使用了,如图 10 - 9 所示。

图 10 - 9　百度网盘使用界面

【例 10 - 2】接入网易云信。网易云信是一项基于 PaaS 的即时通信(Instant Messaging, IM)云服务,开发者通过调用云信软件开发工具包(Software Development Kit,SDK)和云端 API 的方法可以快速接入 IM 即时通信功能。

（1）输入网址 http:// netease. im,进入“网易云信”网站,输入邮箱地址后可以注册云 信账号,申请 IM 云服务的免费试用,如图 10 - 10 所示。

图 10 - 10　注册“网易云信”

（2）注册号可以登录管理后台界面,单击左侧导航条上的“创建应用”,并选择应用类 型,如图 10 - 11 所示。

图 10 - 11　“创建应用”窗口

（3）创建应用后,可在 IM 基础功能下载中选择 SDK 类型,进行 APP 即时通信功能的开发工作,如图 10 – 12 所示。

图 10 – 12　IM 基础功能下载窗口

【例 10 – 3】注册华为企业云,华为企业云提供包括云主机、云托管、云存储等一站式云计算基础设施服务。

（1）输入网址 http://www.hwclouds.com,进入"华为企业云"网站,单击界面左上角的"注册"按钮,开始用户注册,如图 10 – 13 所示。

图 10 – 13　华为企业云注册

（2）单击"0 元免费体验"图标,在弹出的四种云服务器套餐列表中进行选择,如图 10 – 14 所示。

图 10 – 14　申请华为云服务器

本章小结

云计算是引领信息社会创新的关键战略性技术手段。云计算的普及与运用,将引发未来新一代信息技术变革。云计算将改变 IT 产业,也会深刻地改变人们工作和生活的方式。通过本章的学习,希望读者在了解云计算的概念,熟悉云计算关键技术与安全知识的基础上,对自己的工作与生活有所启发和帮助。

【注释】

1. Gmail: Gmail 是 Google 的免费网络邮件服务。它有内置的 Google 搜索技术并提供 15 GB 以上的存储空间。

2. Botnet: 即僵尸网络,是指采用一种或多种传播手段,将大量主机感染 bot 程序(僵尸程序),从而在控制者和被感染主机之间所形成的一个可一对多控制的网络。

3. Google App Engine: Google App Engine 允许用户本地使用 Google 基础设施构建 Web 应用,待其完工之后再将其部署到 Google 基础设施之上。

4. 在线 CRM: 在线 CRM 是基于互联网模式、专为中小企业量身打造的在线营销管理、销售管理、完整客户生命周期管理工具。

5. 在线 HR: 在线 HR 是人力资源服务平台。

6. IM 即时通信: 即时通信(Instant Messaging,IM)是一种可以让使用者在网络上建立某种私人聊天室(chatroom)的实时通信服务。

7. SDK: 软件开发工具包(Software Development Kit,SDK)一般都是一些软件工程师为特定的软件包、软件框架、硬件平台、操作系统等建立应用软件时的开发工具的集合。

8. APP: 应用程序,Application 的缩写,一般指手机软件。

9. 负载均衡: 负载均衡(Load Balance),其意思就是分摊到多个操作单元上进行执行,例如 Web 服务器、FTP 服务器、企业关键应用服务器和其他关键任务服务器等,从而共同完成工作任务。

10. 网格计算: 网格计算即分布式计算,是一门计算机科学。它研究如何把一个需要非常巨大的计算能力才能解决的问题分成许多小的部分,然后把这些部分分配给许多计算机进行处理,最后把这些计算结果综合起来得到最终结果。

11. 松耦合: 松耦合系统通常是基于消息的系统,此时客户端和远程服务并不知道对方是如何实现的。客户端和服务之间的通信由消息的架构支配。只要消息符合协商的架构,则客户端或服务的实现就可以根据需要进行更改,而不必担心会破坏对方。

习 题 10

一、填空题

1. 云计算服务体系中所提到的 IaaS 是_____。

2. PaaS 针对开发者,把_____作为一种服务来提供。

3. 虚拟化是指计算在_____的基础上运行。

4. 网络虚拟化是指让一个物理网络支持多个_____。

5. 云计算资源池的规划原则包括功能分类原则、容量匹配原则和_____。

6. 云计算按照其资源交付的范围,有三种部署模式,即公有云、私有云和_____。

7. 云计算是一种用于对可配置共享资源池(网络、服务器、存储、应用和服务),通过网络方便的、_____的模型。

8. 云计算以数据为中心,以_____为手段来整合服务器、存储、网络、应用等在内的各种资源。

9. SaaS针对_____,是通过互联网提供软件的服务模式。

10. 资源池是指云计算数据中心中所涉及的各种_____的集合。

二、简答题

1. 简述美国国家标准与技术研究所NIST对云计算的定义。

2. 简述云计算的基本特征。

3. 简述IaaS、PaaS和SaaS的含义。

4. 简述云计算的部署模式。

5. 简述云计算中的虚拟化技术。

典型大数据解决方案 <<<

>>>导学

【内容与要求】

大数据技术的变革已经让不少行业体验到了更为智能、更为便捷的智慧生活。本章主要对国内外的典型大数据解决方案及相关案例进行介绍,使读者更好地了解大数据技术的实际应用。

"Intel 大数据"一节主要介绍 Intel 大数据解决方案、Intel Hadoop 与开源 Hadoop 的比较,以及在 Intel 大数据解决方案下的典型案例——中国移动广东公司详单、账单查询系统。

"百度大数据"一节主要介绍作为搜索引擎网站,利用其自身优势的大数据解决方案及百度大数据下提供的多种大数据分析案例。详细介绍了百度预测中景点预测、欧洲赛事预测的具体使用方法及相应分析结果的查看方法。

"腾讯大数据"一节主要介绍腾讯大数据解决方案及其 Spark 应用的典型案例——广点通。

【重点与难点】

本章的重点是了解各种大数据解决方案及相关案例;本章的难点是掌握已经存在的大数据具体案例的应用方法。

随着大数据技术的发展,大数据的价值已经被认可。在国外,大数据的发展为大型的传统 IT 公司提出了新的发展课题,包括 Microsoft、IBM、Oracle 在内的拥有主流数据库技术的公司已经各自发布了明确的大数据解决方案,甚至连 Intel 这样的主要研发计算机硬件的公司也参与到了大数据技术发展中。在国内,以百度、腾讯、淘宝等为代表的互联网公司已经建立了各自的大数据平台。下面对 Intel、百度和腾讯的大数据解决方案及典型案例进行介绍。

11.1 Intel 大数据

11.1.1 Intel 大数据解决方案

虽然 Hadoop 并不可以作为大数据的代名词,但当提到大数据架构时,人们还是会首先想到 Apache Hadoop。在 2012 年 7 月,Intel 对外发布了自己的 Hadoop 商业发行版(Intel Hadoop Distribution),Intel 也是大型大数据厂商中唯一拥有自行发行版 Hadoop 的公司。

1. 解决方案

Intel Hadoop 发行版包含了有关大数据的所有分析、集成及开发组件,并针对不同组合之间进行了更加深入的优化。同时,Intel Hadoop 发行版还添加了 Intel Hadoop 管理器(Intel Hadoop Manager)。该管理器从整个系统的安装、部署到配置与监控过程,提供了对平台的全方位管理,如图 11 – 1 所示。

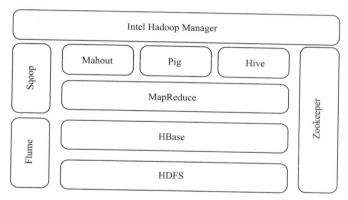

图 11 – 1 Intel 大数据解决方案

Intel 大数据解决方案中的各部分具体功能如下。

(1)HDFS:HDFS 作为 Hadoop 分布式文件系统,是运行在通用硬件上的分布式文件系统。

(2)HBase:HBase 是一个面向列的、实时的分布式数据库,但不是一个关系型数据库。

(3)MapReduce:MapReduce 是一个高性能的批处理分布式计算框架,用来对海量数据进行并行处理和分析。

(4)Hive:Hive 是建立在 Hadoop 之上的数据仓库架构。Hive 采用 HDFS 进行数据存储,并利用 MapReduce 框架进行数据操作。

(5)Pig:Pig 是一个基于 Hadoop 并运用 MapReduce 和 HDFS 实现大规模数据分析的平台,Pig 为海量数据的并行处理提供了操作及编程实现的接口。

(6)Mahout:Mahout 是一套具有可扩充能力的机器学习类库,提供了机器学习框架。

(7)Sqoop:Sqoop 是一个可扩展的机器学习类库,与 Hadoop 结合后,Sqoop 可以提供分布式数据挖掘功能,并且是 Hadoop 和关系型数据库之间大量传输数据的工具。

(8)Flume:Flume 是一个高可用、高可靠性、分布式的海量日志采集、聚合和传输的系统。

(9)Zookeeper:Zookeeper 是 Hadoop 和 HBase 的重要组件,为分布式应用程序提供协调服务,包括系统配置维护、命名服务和同步服务等。

2. 优势

Intel 的 Hadoop 发行版针对现有实际案例中出现的问题进行了大量改进和优化,这些改进和优化弥补了开源 Hadoop 在实际案例中的缺陷和不足,并且提升了性能,具体如表 11 -1 所示。同时,基于 Intel 在云计算研发上的经验积累,对实际案例解决提供了从项目规划到实施各阶段专业的咨询服务,因此,Intel 大数据解决方案更易于构建高可扩展及高性能的分布式系统。

表 11 -1　Intel Hadoop 与开源 Hadoop 比较

Intel Hadoop	开源 Hadoop
针对 HDFS 的 DataNode 读取选取提供高级均衡算法	简单均衡算法,容易在慢速服务器或热点服务器上产生读写瓶颈
根据读请求并发程度动态增加热点数据的复制倍数,提高 MapReduce 任务扩展性	无法自动扩充倍数功能,在集中读取时扩展性不强,存在性能瓶颈
为 HDFS 的 NameNode 提供双机热备方案,提高可靠性	NameNode 是系统的单点破损点,一旦失败系统将无法读写
实现跨区域数据中心超级大表,用户应用可实现位置透明的数据读写访问和全局汇总统计	无此功能,无法进行跨数据中心部署
可将 HBase 表复制到异地集群,并提供单向、双向复制功能,实现异地容灾	无成熟的复制方案
基于 HBase 的分布式聚合函数,效率比传统方式提高 10 倍以上	无成熟方案
实现对 HBase 的不同表的复制份数进行精细控制	无此功能

11.1.2　Intel 大数据相关案例

与许多国家一样,随着移动设备、快速 4G 连接、自助服务技术的快速发展,账户相关信息查询服务日益受到用户的青睐,因此中国移动广东公司为用户提供了网络详单、账单查询系统。该系统的原有解决方案存在以下问题:

(1)计费系统维护成本高,使计费业务单位的盈利能力减弱。

(2)高科技个性化的用户支持模式不可扩展,无法应对爆炸性的用户需求增长。

(3)数据库解决方案无法满足存储规模和实时查询要求,无法为用户提供满意的服务。

针对以上问题,Intel 提供了 Intel Hadoop 和至强 5600 处理器解决方案,如图 11 -2 所示。

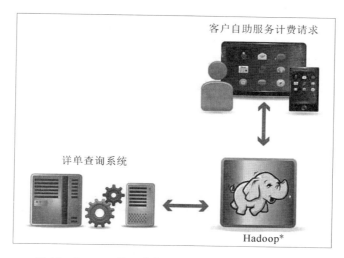

客户自助服务计费请求

详单查询系统

Hadoop*

图 11 – 2 Intel 基于大数据量优化的软硬件解决方案

新的方案解决了以下问题：

（1）优化硬件性能，以处理大数据。使用专为 Hadoop 软件而优化的至强 TM5600 系列通用计算平台取代原有平台，降低总拥有成本及提高性能。

（2）基于 Hadoop 的实时分析。采用 Intel Hadoop 发行版来消除数据访问瓶颈，并发现用户使用习惯，开展更有针对性的营销和促销活动。

（3）利用 Hadoop 分布式数据库（HBase）扩展存储。Intel Hadoop 发行版中增强了 HBase 的功能，可以跨结点自动分割数据表，降低存储扩展成本。

Intel 基于大数据量优化的软硬件解决方案使中国移动广东公司的个人用户能够查询并在线支付话费，准确实时查询六个月内的电话详单，账单明细检索查询速度是 300 000 份账单/秒，账单插入速度是 800 000 份账单/秒，目前每月无缝处理 30 TB 的用户计费数据。查询性能提高了 30 倍，从而大大提高了新系统的处理性能。中国移动广东公司的话费查询网址为 http://gd. 10086. cn/service/。

11. 2　百度大数据

11. 2. 1　百度大数据引擎

百度大数据拥有 EB 级别的超大数据存储和管理规模，数据计算能力达到 100 PB/天，响应速度达到了毫秒级。为了充分发掘和利用大数据的价值、向外界提供大数据存储、分析及挖掘的技术能力，百度推出了百度大数据引擎，这也是全球首个开放大数据引擎。如图 11 – 3 所示，百度大数据引擎主要包含三大组件：开放云、数据工厂和百度大脑。

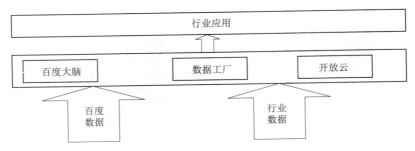

图 11 – 3　百度大数据引擎

百度大数据引擎中三大组件的具体功能如下：

（1）开放云可以将企业原本价值密度低、结构多样的小数据汇聚成可虚拟化、可检索的大数据，解决数据存储和计算瓶颈。

（2）数据工厂实现数据加工、处理、检索，把数据关联起来，从中分析出所需要的价值。

（3）百度大脑是建立在百度深度学习和大规模机器学习基础上，最终实现更具前瞻性的智能数据分析及预测功能，以实现数据智能、支持科学决策与创造。

这三大组件作为三级开放平台支撑百度核心业务及其拓展业务，并作为独立或整体的开放平台，给各行各业提供支持和服务。

11.2.2　百度大数据＋平台

百度开放数据具有四大优势：海量数据积累、目标用户分析、前沿模型算法和高效计算能力。利用积累已久的海量数据和技术，百度于 2015 年 9 月正式发布百度大数据＋平台（http://bdp.baidu.com/）。百度大数据＋平台具体组成如图 11 – 4 所示。

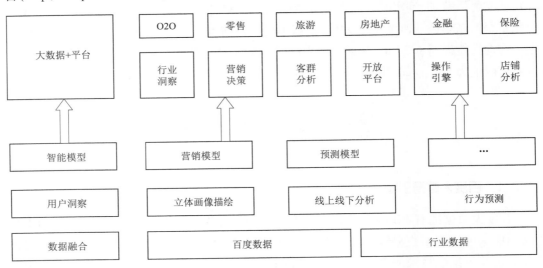

图 11 – 4　百度大数据＋平台具体组成

在图中可以看到百度大数据＋平台提供了多个产品服务组件：行业洞察、营销决策、客群分析、开放平台、操作引擎及店铺分析等,并开放了六大行业:O2O、零售、旅游、房地产、金融、保险,以实现大数据应用的落地和突破。百度大数据＋平台基于海量数据积累,实现行业趋势洞察、客群精准触达、科学营销决策、风险危机防控等核心价值。

11.2.3 相关应用

1. 百度预测

百度预测(http://trends.baidu.com/)是基于海量的数据处理能力,利用机器学习、深度学习等手段建立模型,来实现公众生活的预测业务。目前,在百度预测产品中已经推出了景点舒适度预测、高考预测、世界杯预测等服务。

以世界杯预测为例。在2014年巴西世界杯的四分之一决赛前,百度、谷歌、微软和高盛分别对四强结果进行了预测,结果显示:百度、微软结果预测完全正确,而谷歌则预测正确三支晋级球队;在小组赛阶段的预测,谷歌缺席,微软、高盛的准确率也低于百度。总体来看,无论是小组赛还是淘汰赛,百度的世界杯结果预测中均领先于其他公司。最终,百度又成功预测了德国队夺冠。百度2014年世界杯预测如图11-5所示。

图11-5 百度2014年世界杯预测

2. 疾病预测

百度与中国疾病预防控制中心(Centers for Disease Control , CDC)合作开发的疾病预测产品,基于对网民每日更新的互联网搜索的分析、建模,实时反馈流感、手足口、性病、艾滋病等传染病,糖尿病、高血压、肺癌、乳腺癌等流行病的爆发数据,并预测疾病流行趋势,通过大数据分析能力实现人群疾病分布关联分析等,为国家疾病控制机构传统监测体系提供了有力的补充。

3. 百度迁徙

百度迁徙是利用百度地图的基于地理位置的服务(Location Based Services,LBS)开放平台、百度天眼,对其拥有的LBS大数据进行计算分析,并采用创新的可视化呈现方式,首次实现了全程、动态、即时、直观地展现中国春节前后人口大迁徙的轨迹与特征。

最新版"百度迁徙"于2015年2月15日上线,一个新的亮点就是加入了"百度慧眼"功能,可以看到全国范围内的飞机实时动态和位置。单击要查询的航班图标,还可以查看航班的具体信息,包括起降时间、飞机型号和机龄等。

4. 旅游信息统计与预测

在旅游信息预测方面,九寨沟景区通过与百度大数据的合作,利用百度大数据提供的客流量预测服务,在景区网站进行实时客流量预测呈现,提前预知当日及未来两日九寨沟客流量,方便游客进行行前决策。同时,景区结合百度预测结果,制定不同客流量下景区安全运营人力及运力安排方案,在旅游小长假及黄金周有效进行相应安排及游客疏导,提升景区运营效率及游客游览体验。随着全国更多景区与百度的合作,在百度预测中,游客可以看到全国范围内很多景区的信息预测结果。

5. 百度指数

百度指数(http://index. baidu. com/)是以百度海量网民行为数据为基础的数据分享平台,是当前互联网时代重要的统计分析平台之一,自发布之日便成为众多企业营销决策的重要依据。百度指数能够告诉用户:某个关键词在百度的搜索规模有多大,一段时间内的涨跌态势以及相关的新闻舆论变化,关注这些词的网民是什么样的、分布在哪里,同时还搜索了哪些相关的关键词,以此来帮助用户优化数字营销活动方案。

例如,通过百度指数对"2016 北京车展"进行分析,得到图 11 - 6 所示的分析结果。图中显示了车展每天的网民搜索指数,随着车展的进行,搜索指数是在上升的。

图 11 - 6 "2016 北京车展"百度搜索指数分析结果

11.2.4 百度预测的使用方法

1. 景点预测

通过输入网址 http://trends. baidu. com/进入"百度预测"首页,然后单击"景点预测"按钮,进入"景点预测"界面,默认的界面为全国热点景区预测结果。

在该界面下,单击已出现的景区,如北京"故宫",可以看到该景点的拥挤指数的预测及天气情况的介绍。也可以单击"30 天趋势按钮",进一步查看该景点的未来两天的趋势预测,如图 11 -7 所示。

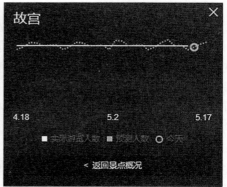

图 11 - 7 北京故宫百度景点预测结果

如果要查看感兴趣的其他城市的景点,可以通过在"景点预测"首页中右上角显示"全国"的位置,通过下拉列表查看其他城市景点预测。

2. 欧洲赛事预测

通过输入网址 http://trends. baidu. com/ 进入"百度预测"首页,然后单击"欧洲赛事预测"按钮,进入"欧洲赛事预测"界面,如图 11 - 8 所示。

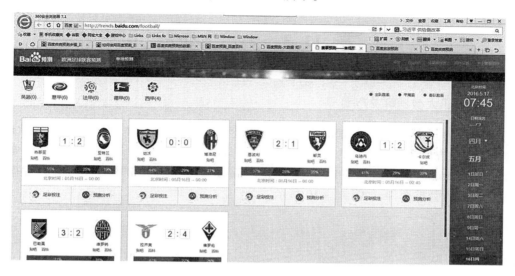

图 11 - 8 百度欧洲赛事预测——意甲

在图 11 - 8 中单击"意甲"按钮后,可以看到当前"意甲"六场比赛的预测结果,如果对其中某场比赛感兴趣可以进一步查看针对这场比赛的各种预测结果。如单击"拉齐奥对佛罗伦萨",看到的进一步预测结果如图 11 - 9 所示。

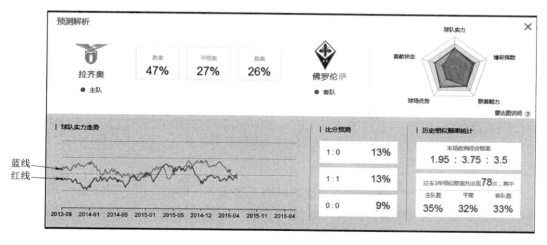

图 11 - 9 "拉齐奥对佛罗伦萨"的预测解析

在图 11 - 9 中可以看到该场比赛拉齐奥队胜率预测是 47% ,平局率预测是 27% ,佛罗伦萨队胜率预测是 26% ,还可以看到球队实力走势(其中红线代表拉齐奥队、蓝线代表佛罗伦萨队),还有比分预测的结果。图 11 - 9 右上角的雷达图进一步说明了该场比赛的球队实力、赛前状态、球场优势、联赛能力等信息。通过该雷达图可以看到拉齐奥队与佛罗伦萨队在球队实力、联赛能力的比较上相当,在赛前状态和球场优势的比较上拉齐奥队更胜一筹。

11.3 腾讯大数据

11.3.1 腾讯大数据解决方案

腾讯作为互联网企业,在 2009 年开始探索建设大数据平台,经过从批量计算到实时计算、从离线查询到即席查询的阶段发展,逐步形成一套以 TDW(离线计算)、TRC(实时计算)、TDBank(数据接入)、TPR(精准推荐)、Gaia(集群调度)为核心模块的大数据体系——腾讯大数据套件,如图 11 - 10 所示。

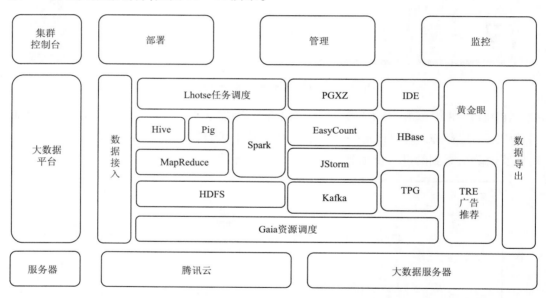

图 11 - 10 腾讯大数据套件

腾讯大数据套件由大数据平台与集群控制台两大平台构成:

(1)大数据平台面向数据开发人员,整合各种大数据基础系统,组合成特定的数据流水线。

(2)集群控制台面向运维人员,统一管理大数据平台的系统,提供集群部署与管控的功能。

腾讯大数据处理流水线通常由"接入""存储""计算""输出""展示"五个环节组成,如图 11 - 11 所示。

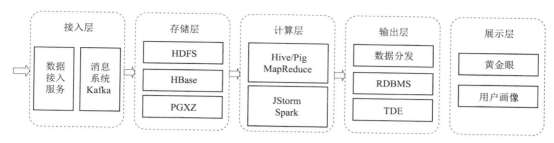

图 11 – 11　腾讯大数据处理流水线

依据图 11 – 11 所示的常用大数据处理流程,介绍腾讯大数据平台如下:

(1)接入层 :

● 数据接入服务:支持通过 FTP、SFTP、HTTP 协议从外部接入数据。

● Kafka:分布式消息系统,作为平台的数据中转站,负责将接入数据推送到若干下游系统。

(2)存储层:

● HDFS:Hadoop 分布式文件系统。

● HBase:基于 HDFS 的分布式列式数据库,提供高速的随机读写能力。

● PGXZ:分布式 PostgreSQL 数据库系统。通过数据库事务分流、数据分布式存储以及并行计算,提高数据库的性能和稳定性。

(3)计算层:

● MapReduce:大规模数据集的并行计算框架,适合离线批量的数据处理。

● Hive:基于 Hadoop 的数据仓库工具,提供 SQL 语言的数据处理接口。

● Pig:基于 Hadoop 的大规模数据分析平台,提供脚本接口的数据处理。

● Spark:新一代的大规模数据并行计算框架,充分利用集群内存资源来分布数据集,大幅提高计算性能。

● JStorm:实时流式计算框架,对 Hadoop 批量计算的补充。

(4)输出层:

● 数据分发:支持通过 FTP、SFTP、HTTP 协议将数据分发到外部。

● RDBMS:Relational Database Management System,即关系数据库管理系统。

● TDE:基于全内存的分布式存储系统。提供高效的数据读写能力,使得流式计算引擎产生的结果能快速被外部系统使用。

(5)展示层:

●黄金眼:可视化运营报表工具,提供标准化的报表模块。

●用户画像:建立在一系列真实数据之上的目标用户模型。

(6)任务调度

数据流水线完成某个数据处理任务,不仅需要单个环节的处理能力,更需要对各个环节整体的衔接调度能力。大数据平台集成了腾讯自研的 Lhotse 系统,作为数据流水线的调度编排中心。

11.3.2 相关实例

　　腾讯广点通(http://e.qq.com/)是基于腾讯社交网络体系的效果广告平台。通过广点通,用户可以在 QQ 空间、QQ 客户端、微信等诸多平台投放广告,进行产品推广。作为主动型的效果广告,广点通能够智能地进行广告匹配,并高效地利用广告资源。移动互联网环境下,广点通可覆盖 Android、iOS 系统,广告形式包括 Banner 广告、插屏广告等诸多种类。

　　广点通将广告进行排名,排名越靠前获得的曝光机会就越大,排名原则如图 11 - 12 所示。对于刚上线的广告,广点通会赋予一个平均点击率及点击转化率作为初始值。

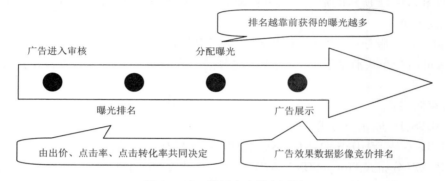

图 11 - 12　腾讯广告排名原则

　　广点通是最早使用 Spark 的应用之一。腾讯大数据精准推荐借助 Spark 快速迭代的优势,实现了在"数据实时采集、算法实时训练、系统实时预测"的全流程实时并行算法,支持每天上百亿的请求量。利用 Spark 的快速查询等优势,承担了数据的即席查询工作,在性能方面,普遍比 Hive 高 2 ~ 10 倍。

本 章 小 结

　　本章主要介绍了几个国内外典型的大数据平台及在此平台下的相关具体应用,包括 Intel 大数据解决方案、百度大数据解决方案和腾讯大数据解决方案。其中,Intel 公司的大数据解决方案针对各种行业的大数据需求,百度大数据主要针对生活中各方面对大数据的需求,腾讯大数据中的广点通是国内最早应用 Spark 的大数据应用之一。

【注释】

1. EB:存储容量单位,1 EB = 1 024 TB。

2. 快速迭代:快速迭代首先是一种产品研发理念。在快速迭代理念支持下的产品研发是"上线—反馈—修改—上线"这样反复更新内容的过程。

3. 即席查询:用户根据自己的需求,灵活地选择查询条件,系统能够根据用户的选择生成相应的统计报表。即席查询与普通应用查询最大的不同是:普通的应用查询是定制开发的,而即席查询是由用户自定义查询条件的。

4. SFTP：Secure File Transfer Protocol 的缩写，安全文件传送协议。可以为传输文件提供一种安全的加密方法。

5. 点击转化率：对点击广告的人数和实际发生交易或购买的比率。

6. 点击率：点击和显示次数的比率。

习　题　11

一、填空题

1. 腾讯大数据平台中的"黄金眼"是指＿＿＿＿＿＿＿＿。

2. Intel Hadoop 中，为整个平台提供全方位管理的部分是＿＿＿＿＿＿＿＿。

3. 发布了自己的 Hadoop 商业发行版（Apache Hadoop Distribution）的公司是＿＿＿＿＿＿＿＿。

4. 百度大数据引擎的三大组件是＿＿＿＿＿＿＿＿。

5. Intel Hadoop 和开源 Hadoop 中实现了跨区域数据中心部署的是＿＿＿＿＿＿＿＿。

6. 腾讯大数据平台下，一条常用的、完整的大数据处理流水线通常包括＿＿＿＿＿＿＿＿五个环节。

7. 腾讯广点通是基于腾讯社交网络体系的效果广告平台，是最早使用＿＿＿＿＿＿＿＿的应用之一。

8. 百度指数（http://index.baidu.com/）是以百度＿＿＿＿＿＿＿＿为基础的数据分享平台。

二、简答题

1. 简述 Intel 的 Hadoop 与开源 Hadoop 的区别。

2. 通过网络实践，使用"百度预测"观察赛事预测和景区预测的实时结果。

3. 简述腾讯大数据解决方案中常用的大数据处理流水线。

4. 简要解释本章图 11 - 9 中的雷达图。

第 12 章

大数据应用案例分析(医疗领域) <<<

>>>**导学**

【内容与要求】

在医疗领域,人们很早就遇到了海量数据和非结构化数据的挑战。由于很多国家都在积极推进医疗信息化发展,使得很多医疗机构有能力进行大数据分析的研究。由此,医疗行业和银行、电信、保险等行业一起率先进入大数据时代。下面将对大数据在临床、医药支付、医疗研发、医疗商业模式和公共健康领域中的应用进行介绍。

【重点与难点】

本章的重点是了解大数据在医疗行业中应用的具体案例;本章的难点是大数据在医疗行业五大领域中的应用方向。

医疗行业是让大数据分析最先具有应用价值的传统行业之一,本章列出了大数据在医疗行业五大领域:临床、医药支付、医疗研发、医疗商业模式、公共健康中的应用,在这些领域中,大数据的分析和应用都将发挥巨大的作用,以提高医疗效率和医疗效果。

📚 12.1 大数据在临床领域的应用

在临床操作方面,大数据有五个主要的应用场景:比较效果研究、临床决策支持系统、医疗数据透明、远程病人监控、病人档案分析,如图 12 - 1 所示。

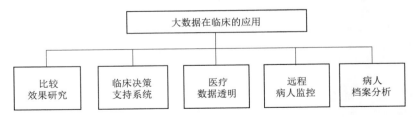

图 12 - 1 大数据在临床领域的应用

12.1.1 基于大数据的比较效果研究

比较效果研究(Comparative Effectiveness Research, CER)是基于疗效研究的方法之一,包括患者体征数据、费用数据和疗效数据在内的医疗大数据集使得比较效果研究的准确性得到保证。比较效果研究的作用是减少过度治疗(例如,避免采用副作用比治疗效果还明显的治疗方式),并弥补现有治疗方法的不足。

世界各地的很多医疗机构已经开始了 CER 项目并取得了初步成功。例如,德国联邦保健委员会(GBA)授权卫生服务质量效率研究院(IQWiG)开展了下面的研究(见表 12-1):比较各种医疗方法及非医疗手段对一些疾病的作用,研究的疾病包括糖尿病、高血压、支气管哮喘、慢性阻塞性肺病、痴呆和抑郁症。调查的这些疾病的影响因素包括生活方式、运动和吸烟是如何影响患者的,以及这些患者是否必须一直接受药物治疗。基于这些研究,可以帮助医生制定最适合患者的治疗方案,以及将其应用在一定的治疗方法中,并对寿命、生活质量的改善、并发症与不良反应进行评价,这些研究结果可以作为临床决策支持的背景数据。

表 12-1 德国 IQWiG 比较效果研究项目

项　　目	项　目　内　容
研究的疾病	糖尿病、高血压、支气管哮喘、慢性阻塞性肺病、痴呆和抑郁症
调查的内容	医疗方法、非医疗方法对疾病的作用,生活方式、运动和吸烟,是否必须一直接受药物治疗
研究的目标	制定治疗方案,评价寿命、生活质量的改善,并发症与不良反应

12.1.2 基于大数据的临床决策系统

目前的临床决策系统分析医生输入的内容,它与医学辅助系统不同的地方在于:临床决策支持系统可以提醒医生防止潜在的错误(例如,药物不良反应)。在 2011 年,IBM 的人工智能系统 Watson 赢得了人机智力比赛,由此 MSKCC 癌症中心开始与 IBM 进行合作。一年后,Watson 通过了美国职业医师资格考试。因为 Watson 只是一个计算机系统,所以无法上岗,但 Watson 拥有了第一个商用领域——医疗。

下面是 Watson 在医疗领域的训练过程(见图 12-2):

第一阶段:MSKCC 癌症中心的专家将 290 多篇的高等级医学期刊文献和医疗指南以及该中心所属医院一百多年临床实践中的最佳方案输入 Watson,但这一阶段仅是把知识本身输入了 Watson 中,Watson 中的算法还没有发生作用。

第二阶段:由医生给出患者的指标以及他们认为最权威的治疗方案,让 Watson 去理解两者之间的关系,这一阶段为 Watson 的训练过程。

第三阶段:由医生给出指标,由 Watson 对该指标进行病情判断,再由医生评判 Watson 的实际能力。

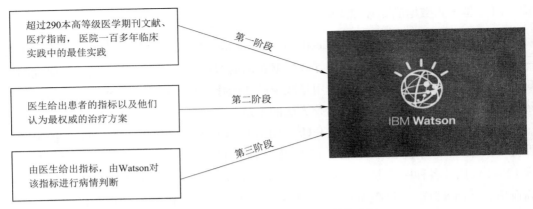

图12-2 Watson在医疗领域的训练过程

Watson作为用于医疗诊断的人工智能系统,它的输出内容包含"三类四项"(见表12-2),其中三类包括:MSKCC认为最推荐的治疗方案用绿色表示,可以被考虑使用的治疗方案用橙色表示,不被推荐的治疗方案用红色表示;四项包括:对于每一个治疗方案,方案描述的是什么、产生的原因是什么、临床医学证据有哪些、患者用药信息(例如,精准输入患者指标的情况下,可以显示用哪些药以及这些药的不良反应)。以上这些方案的获得在很短的时间之内就可以完成,以提高医生的决策效率

表12-2 Watson的输出内容

三 类	四 项
绿色 :最推荐的治疗方案	方案描述的是什么
橙色 :可以考虑使用的治疗方案	产生的原因是什么
红色 :不被推荐的治疗方案	临床医学证据有哪些
	患者用药信息

12.1.3 医疗数据透明化

大数据分析可以提高医疗过程数据的透明度,也可以带来医疗业务流程的精简,从而提高医疗护理质量并给患者带来更好的体验,同时使医疗服务机构的业绩增长。因此,美国医疗保险和医疗补助服务中心将医疗大数据分析作为建设主动、透明、开放、协作型政府的一部分。

同时,美国疾病控制和预防中心(Centers for Disease Control and Prevention,CDC)已经公开发布医疗数据,这样可以帮助患者做出更明智的就医决定,也可以帮助医疗服务提供方提高总体水平,使其更具竞争力。图12-3所示为美国疾病控制和预防中心公布的1999—2015年美国青少年用药过量的死亡率。近些年,用药过量死亡的情况成为美国重大公共卫生负担。美国青少年用药过量(包括阿片类药物)死亡率在2007—2014年期间的总趋势是下降的,但在 2015 年时又出现了上升趋势,提醒临床医生需要时刻注意阿片类药物带给患者的危害。

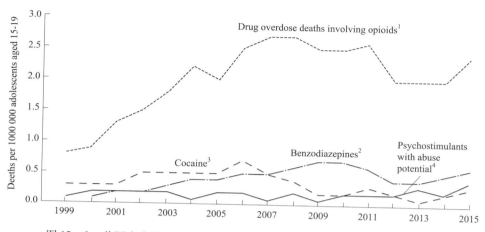

图 12 - 3 美国疾病控制和预防中心公布的 1999 - 2015 年美国每 100 000 名
青少年(15 ~ 19 岁)用药过量的死亡率
1—阿片类药物过量死亡率变化;2—苯二氮类药物过量死亡率变化;
3—可卡因过量死亡率变化;4—兴奋剂滥用死亡率变化

12.1.4 病人的远程监控

大数据技术在远程病人监控领域的应用是通过对慢性病患者的远程监控系统收集数据、进行数据分析,并将分析结果反馈给监控设备(例如,查看病人是否正在遵从医嘱),从而确定患者进一步的用药和治疗方案。通过对远程监控系统产生的数据进行分析的主要目的是减少病人住院时间,减少急诊量,实现提高家庭护理比例和门诊医生预约量。

2010 年,美国有 1.5 亿慢性病患者,如糖尿病、充血性心脏衰竭、高血压患者,他们的医疗费用占到了医疗卫生系统医疗成本的 80%。远程病人监护系统对治疗慢性病患者是非常有用的。远程病人监护系统(见图 12 - 4)包括家用心脏监测设备等,甚至包括芯片药片(芯片药片可以被患者服用,进入体内,然后实时传送患者数据到电子病历中)。例如,远程监控可以提醒医生对充血性心脏衰竭病人采取及时治疗措施,防止紧急状况发生,因为充血性心脏衰竭的标志之一是由于保水(使过多液体滞留器官)产生的体重增加现象,这一现象可以通过远程监控实现预防。

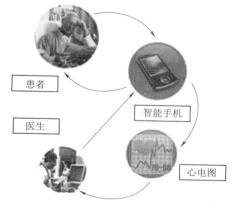

图 12 - 4 远程病人监护系统

12.1.5　基于大数据的电子病历分析

目前,电子病历系统包括三部分数据,即电子病历数据、医学检验数据和医学影像数据,如图 12 - 5 所示。大数据可以对海量的患者临床病历和健康档案进行分析,确定哪些人是某类疾病的高危人群,并按照不同患者的既往病史为其提供不同的治疗模式和不同的预防性保健方案,以达到最佳治疗效果。

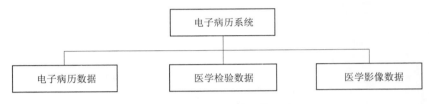

图 12 - 5　电子病历系统组成

北大医信——作为国内从事医疗信息化的公司,在医疗大数据分析项目中将电子病历分为四个阶段(见图 12 - 6):

第一阶段:CDR 阶段,在医疗机构内部实现的临床信息系统。在这一阶段电子病历从无到有,主要实现纸质病历的数字化。

第二阶段:电子病历阶段,在医疗机构内部实现以患者为中心的信息集成。在这一阶段,医院以患者为中心,把患者信息集成起来。这一阶段电子病历的信息不是输入进去,而是从医院的各个系统中抽取,加上医生的主观判断,然后合成在一起,这一阶段才有了电子病历的概念。

第三阶段:EHR 阶段,在医疗机构内部信息化的基础上,实现医疗机构之间的患者信息共享,构建区域化的电子病历系统。因为只有区域化的电子病历系统才是以患者为中心形成的信息共享平台,也就是实现了 EHR 的概念。

第四阶段:PHR 阶段,云计算 + 大数据 + 物联网时代的电子病历。电子病历除了原本的患者信息之外,还要将信息范围扩大到与个人健康相关的非医疗信息,如饮食、运动、环境等因素。在这个阶段,出现了新的概念——PHR,以发展个性化的治疗和精准医学,以个人为单位进行医疗服务。

图 12 - 6　大数据时代下电子病历的发展

12. 2　大数据在医药支付领域的应用

对医药支付方来说,通过大数据分析可以更好地对医疗服务进行定价。在医药及其支付方面,大数据有两个主要的应用场景:多种自动化系统、基于卫生经济学和疗效研究的定价计划。

12.2.1 基于大数据的多种自动化系统

医学大数据分析不仅可以自动保护患者的信息,而且可以自动挽救患者的生命。根据美国CDC中心的数据,每年配药过量致死的病人中超过一半的死因与管制药品有关,这些管制药物的滥用每年花费国家550亿美元。药房、医生和医院可以借助结合多样的数据资源、分析数据,甚至可以追踪非正常活动来减少管制药物的乱用。在美国加利福尼亚州的PDMP(处方药监控项目)中,PDMP作为帮助医生制定处方的一种有效的临床工具,可以帮助医生及时获取患者的历史信息,协助医生为患者开具和分发管制药物,如下面的例子所示。

D医生详细介绍了PDMP帮助他确认一个患者确实需要用药帮助的情况(见图12-7)。PDMP报告表明这位患者从多个医生处开出了多种管制药物,同时在服用这些药物。通过与患者通电话,患者告诉了D医生所有的情况:他还在另外两个医生那里检查,他很担心医生们的治疗效果是否有效。D医生告诉他问题的严重性在于他的药物上瘾问题。经过PDMP报告和电话的内容分析后,D医生最后决定该患者的合理用药方法是每两天减少一剂药剂,这样PDMP或毒理学的普查就不会有差错。通过病情分析和PDMP来核对患者用药历史成为美国医学协会减少处方阿片类药物滥用的重要保障措施之一。

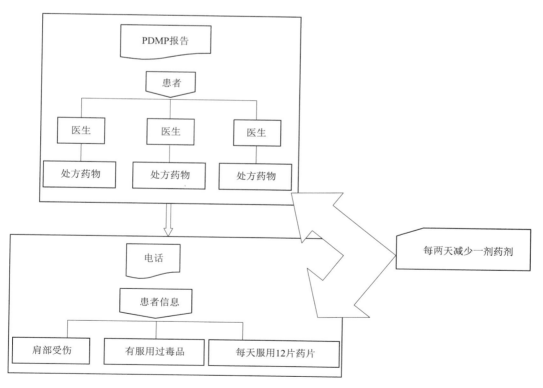

图12-7 在PDMP指导下指导患者用药过程

12.2.2　基于大数据和卫生经济学的定价计划

一种药物是否具有经济性与该国的经济水平紧密相关,已经有研究表明药物经济学评价在控制药品费用不合理增长方面确实有积极的作用,大数据技术可以更准确地分析两者之间的关系。在欧洲,现在有一些基于卫生经济学和疗效的药品定价试点项目。欧盟内共有 16 个国家设置药物经济学评价机构,机构类型包括政府部门、研究所、学会等。ISPOR(国际药物经济学与结果研究协会)的统计指出,ISPOR 成员国中已有很多国家或地区利用药物经济学制定了多份指南。在 ISPOR 的官方网站 https://www.ispor.org/,可以查询到相关国家的药物经济学指南(见图 12 – 8)。药物经济学评价主要用于评价新药的治疗价值,指导其定价和报销。

COUNTRY-SPECIFIC PHARMACOECONOMIC GUIDELINES

	Published PE Recommendations	PE Guidelines	Submission Guidelines
Africa	South Africa	Egypt	
America-Latin		Brazil Colombia Cuba México MERCOSUR (Argentina, Brazil, Paraguay, Uruguay)	
America-North	United States	Canada	
Asia	China Mainland	Taiwan South Korea Malaysia	Israel Thailand
Europe	Austria Denmark Hungary Italy Russian Federation Spain Croatia	Baltic (Latvia, Lithuania, Estonia) Belgium France Germany Ireland The Netherlands Norway Portugal Slovak Republic Slovenia Sweden Switzerland	England & Wales Finland Poland Scotland Spain - Catalonia Region
Oceania		New Zealand	Australia

图 12 – 8　ISPOR 成员国制定的药物经济学指南

同时,一些医疗支付方正在利用大数据分析衡量医疗服务提供方的服务水平,并以此为依据进行定价。医疗服务支付方可以基于医疗效果进行支付,可以根据医疗服务提供方提供的服务是否达到特定的基准与医疗服务提供方进行谈判。

12.3　大数据在医疗研发领域的应用

医疗产品公司可以利用大数据提高研发效率。在医疗研发方面,大数据有四个主要的应用场景:预测建模、临床试验及其数据分析、个性化治疗、疾病模式分析。

12.3.1　基于大数据的预测建模

2017 年 9 月,发表在 *Am J Health Syst Pharm* 上的一项回顾性分析,考察了利用大数据的预测分析在医疗中的重要意义,结果显示利用大数据的预测分析将成为医生提供干预和改善患者结局的不可或缺的工具。

下面的医疗诊断实例中,通过预测模型分析,可以在术前对化疗能否对肾母细胞瘤进行有效抑制进行预测,如图12-9所示。在这个预测流程中用到了临床数据、医疗图像、分子数据等来构建预测模型。在临床实验中,患者被随机分入 A、B 两组:A 组的患者将接受现有的术前化疗;B 组的患者将根据预测模型接受治疗。在 B 组,如果模型预测肿瘤因化疗而萎缩,则医生会对患者进行术前化疗;反之,患者将会直接进行手术而不必忍受术前化疗的风险和痛苦。对比这两个不同实验组的结果,显示出基于大数据建立预测模型的益处。

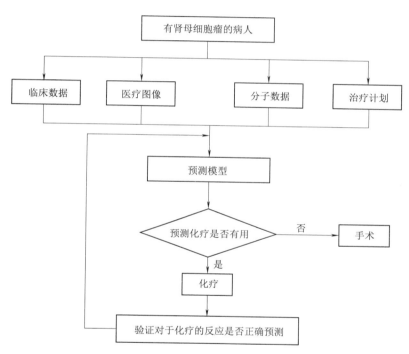

图12-9 通过预测模型对癌症病人是否应接受术前化疗的预测流程图

12.3.2 临床试验及其数据分析

临床试验过程如下(见图12-10):首先在小群体中测试新疗法,然后观察治疗如何有效果,同时找出任何可能的副作用。如果试验证明该疗法大有希望,那么就扩展到更多人群。为了提高临床试验的可靠性,临床试验必须符合严格的科学标准。但临床试验方法上的缺陷并不是没有风险,临床试验也不是总能通过极小群体就推广成功,这时就需要大数据了。可以通过挖掘基于实践的临床数据(例如,实际患者记录),以便可以得到更多关于患者治疗的有效方式。

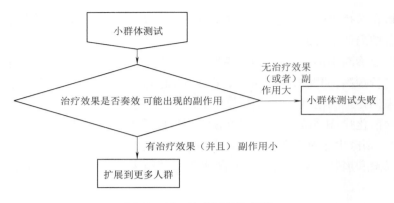

图 12 - 10　临床试验流程图

通过大数据技术,使用统计工具和算法,可以提高临床试验设计水平,并在临床试验阶段更容易地招募到患者。同时,通过挖掘患者数据和生活方式分析工具,可以缩短招募患者所需的时间,从而更快找出符合入选标准的受试者。Orexigen Therapeutics 公司正是借助大数据分析的这一应用,使得该公司开展的一项心血管风险因素分析临床试验项目,比预期提前一年时间招募到了约 9 000 例有心血管风险因素受试者。

12.3.3　基于大数据的个性化治疗

个性化治疗过程中,需要对包括病人体征数据、费用数据和疗效数据在内的大型数据集进行分析,这样可以帮助医生确定临床上最有效和最具有成本效益的治疗方法。通过大数据技术记录这些患者的个性化数据,对患者和医生来说都是有好处的。

医学发展揭示每个人健康生理数据指标标准不尽相同。如图 12 - 11 所示,现代医学认为人体正常心率在每分钟 60 ~ 100 次,而有的运动员的心率只有每分钟 45 次,按照医学角度,这样的运动员身体是不正常的,应该接受治疗。事实上,运动员却身体健康,没有表现出任何问题,如果贸然将其心率调整至每分钟 60 次以上,反而可能会将正常的身体平衡机制破坏,引发异常。医学是关乎每一个人的科学,医学大数据不仅记录了每一个人的医学数据,更能制定每人自己的标准,按照自己的标准调节身体,才是最科学的治病方式。

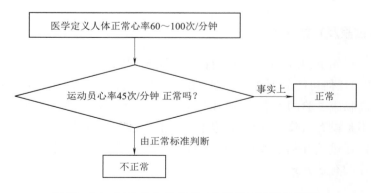

图 12 - 11　运动员心率 45 次/分钟是否正常的判断

12.3.4 基于大数据的疾病模式分析

通过对疾病模式和趋势进行大数据分析可以帮助医生更好地对患者进行诊断,也能够帮助医生实现对疾病的治本,而不仅仅是治标。

美国芝加哥大学的研究人员使用了超过 480 000 人(来自大约 130 000 个家庭)的健康保险理赔数据,根据遗传相关个体发生的频率,对常见疾病进行了新的分类。该研究结果(发表在 *Nature Genetics* 上)表明,基于症状和解剖学的标准疾病分类方法可能忽略了起因相同的疾病之间的联系。例如,常常被归类为中枢神经系统疾病的偏头痛,却与肠易激综合征有着最强的基因相似性。研究人员还将这次研究的结果与第 9 版国际疾病分类(ICD-9)进行了比较,意外地发现了某些疾病的关联。例如,I 型糖尿病是一种自身免疫性内分泌疾病,与高血压(循环系统疾病)有很高的遗传相关性。

12.4 大数据在医疗商业模式领域的应用

大数据分析可以为医疗服务行业带来新的商业模式。在新的医疗商业模式领域,大数据有两个主要的应用场景:患者临床记录和医疗保险数据集、网络平台和社区。

12.4.1 基于大数据的患者临床记录和医疗保险数据集

汇总患者的临床记录和医疗保险数据集并进行大数据分析具有重要意义。对医药企业来说,它们不仅可以生产出具有更佳疗效的药品,而且能保证药品适销对路。

以诺华公司为例,该公司在研发心衰治疗药物 Entresto 时,采用了差异化的定价策略,但是没有引起医疗保险支付方对这一做法的兴趣。只有少数医疗保险支付方愿意将该药引入报销目录,理由是:评价这种药物实际疗效的过程太复杂,传统的、固定式的定价方法实现起来简单得多。但是,如果一直采用固定式的定价方法,会使得患者无法承受治疗疾病所需费用的增长。这就需要制药公司能够提供新的医疗保险支付方法来减少医疗支出的浪费,但支付方是否支持这一改变将是一大挑战。汇总患者的临床记录和医疗保险数据集并进行分析为药品的差异化定价提供了可能。

12.4.2 基于大数据的网络平台和社区

网络平台是一个潜在的、由大数据启动的商业模型,大量有价值的数据已经在这些平台产生。因此,这些网络互动信息平台是最好的医疗大数据来源。

在国内,好大夫在线 www.haodf.com(见图 12 - 12)作为互联网医疗平台,已经在线上诊疗、电子处方、会诊转诊、家庭医生、图文咨询、电话咨询等多个领域取得领先地位。2016 年,好大夫在线与银川市政府合作共建智慧互联网医院,取得了医疗机构执业许可证,业务从疾病咨询领域发展到诊疗领域。全国正规医院的医生获得相关资质后,均可在好大夫在线平台提供线上诊疗、电子处方、远程会诊、手术预约等医疗服务。通过好大夫在线的"找医生"模块可以在线咨询医生病情,或完成门诊的提前预约。同时,该平台记录了大量的患者咨询的病情数据及医生回复的诊疗建议数据。

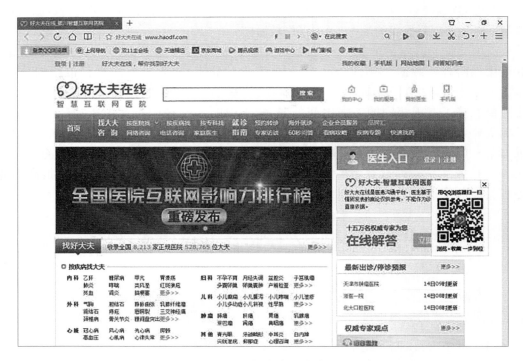

图 12 – 12　好大夫在线首页

12.5　大数据在公共健康领域的应用

在大数据技术下,可以想象这样一个医疗场景:从生产数据,到挖掘、管理、分析数据,以及最后提供解决方案。在这个场景下,如果全球每年有几百万人患心脏病,大数据能从这些患病人群里找到共性,实现提前治疗预警,这将极大地提高人们对抗疾病的能力。

《大数据时代》一书中有这样两个案例(见图 12 – 13):

案例一:苹果公司创始人乔布斯曾在治疗胰腺癌期间获得了他的整个 DNA 序列,医生们将乔布斯自身的所有 DNA 和肿瘤 DNA 进行排序,然后基于乔布斯的特定 DNA 组成,按所需治疗效果进行用药,并调整医疗方案。乔布斯自患癌至离世长达 8 年的时间,几乎创造了胰腺癌历史上的奇迹。

案例二:乔布斯的案例是针对个体的,而 Google 成功预测流感爆发期的这个案例是针对群体的。2009 年,甲型 H1N1 流感爆发几周前,Google 通过对网民的网上搜索记录对进行分析与建模,预测出了甲型 H1N1 流感的爆发,其预测结果与官方数据的相关性高达97%,并且得出结果的时间要比当地的疾病控制中心更早。

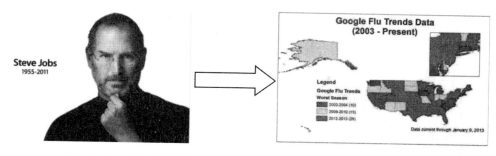

图 12 – 13　从乔布斯的个性化治疗到 Google 的流感预测(公共健康)

从个人健康管理到公共健康管理,大数据对个人医疗的改变极富价值。在国内,百度公司首先发布大数据引擎,将开放云、数据工厂、百度大脑三大组件在内的核心大数据技术进行开放。同时,百度研发了"软硬云"结合的智能健康医疗移动平台,记录下人们日常生活方式,例如每天的运动量和运动时间、睡眠量、久坐时间、身高、血压等,这些被量化的数据具备长时性和趋势化,可以成为病情分析的重要依据。

本 章 小 结

本章主要介绍了大数据在医疗领域中的应用场景,包括临床、医药支付、医疗研发、医疗商业模式、公共健康。具体包括:临床操作的比较效果研究、临床决策支持系统、医疗数据透明度、远程病人监控、对病人档案的先进分析;医药及其支付环节的自动化系统、基于卫生经济学和疗效研究;医疗研发阶段的预测建模、临床试验设计、临床实验数据分析、个性化治疗、疾病模式的分析;新的商业模式下汇总患者临床记录和医疗保险数据集、网络平台和社区;公众健康。总体来说,医疗大数据将对提高医疗质量、提升患者安全、降低医疗风险、降低医疗成本等方面发挥巨大作用。

【注释】

1. CDR:Clinical Data Repository,临床数据仓库。

2. EHR:Electronic Health records,电子健康记录。

3. PHR:Personal Health Record,个人健康档案。

4. *Am J Health Syst Pharm*:American Journal of Health – System Pharmacy。

5. 诺华公司:总部位于瑞士巴塞尔,开发、生产和销售治疗多种疾病的创新处方药,涵盖的疾病领域包括心血管、代谢、骨质疏松、呼吸、抗感染、眼科、移植、中枢神经以及肿瘤领域。

习 题 12

一、填空题

1. CER 是指_____,英文全称是_____。

2. CDR 是指_____,英文全称是_____。

3. EHR 是指_____,英文全称是_____。

4. PHR 是指_____,英文全称是_____。

二、简答题

1. 简述大数据在医学临床操作领域的五个应用场景。

2. 简述 PDMP 的过程及作用。

3. 简述大数据技术对临床试验的作用。

4. 简述大数据技术记录每一个人的生理病理数据的好处。

习题参考答案

习　题　1

一、填空题

1. 100 TB；PB

2. 结构化数据、半结构化数据和非结构化数据

3. 管理信息系统、网络信息系统、物联网系统、科学实验系统

4. 被动式生成数据、主动式生成数据、感知式生成数据

5. 数据产生方式、数据采集密度、数据源、数据处理方式

6. 数据抽取与集成、数据分析、数据解释

7. Volume、Variety、Velocity、Value、On－Line

8. 基础层、管理层、分析层、应用层

9. 数据采集、数据存取、基础架构、数据处理、统计分析、数据挖掘、模型预测和结果呈现

10. Hadoop、Spark、Storm、Apache Drill

二、简答题

1. 传统数据与大数据的区别如下表所示。

比 较 项 目	传 统 数 据	大　数　据
数据产生方式	被动采集数据	主动生成数据
数据采集密度	采样密度较低,采样数据有限	利用大数据平台,可对需要分析事件的数据进行密度采样,精确获取事件全局数据
数据源	数据源获取较为孤立,不同数据之间添加的数据整合难度较大	利用大数据技术,通过分布式技术、分布式文件系统、分布式数据库等技术对多个数据源获取的数据进行整合处理
数据处理方式	大多采用离线处理方式,对生成的数据集中分析处理,不对实时产生的数据进行分析	较大的数据源、响应时间要求低的应用可以采取批处理方式集中计算;响应时间要求高的实时数据处理采用流处理的方式进行实时计算,并通过对历史数据的分析进行预测分析

2. 大数据在社会生活的各个领域得到了广泛的应用,如科学计算、金融、社交网络、移动数据、物联网、医疗、网页数据等。

3. 四层堆栈式技术架构:

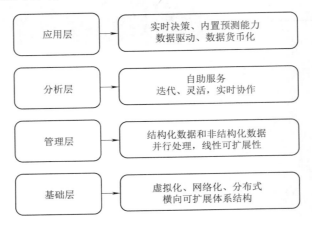

习 题 2

一、填空题

1. 半结构化

2. 互联网数据

3. 互联网数据

4. 快速化

5. 对非结构化数据的采集

6. 物联网

7. 网站公开 API

8. 万维网信息

9. 数据集成

10. 数据清洗

二、简答题

1. 大数据的数据采集是在确定用户目标的基础上,针对该范围内所有结构化、半结构化和非结构化的数据的采集。采集后对这些数据进行处理,从中分析和挖掘出有价值的信息。

2. 传统的数据采集与大数据的数据采集的不同在于数据来源、数据量,但最终目的都是对采集后的数据进行处理,然后挖掘出有价值的信息。

3. 大数据的三大主要来源为商业数据、互联网数据与传感器数据。其中,商业数据来自于企业 ERP(企业资源计划)系统、各种 POS 终端及网上支付系统等业务系统;互联网数据来自于通信记录及 QQ、微信、微博等社交媒体;物联网数据来自于射频识别装置、全球定位设备、传感器设备、视频监控设备等。

4. 大数据采集的技术方法主要包括系统日志采集方法、对非结构化数据的采集和其他数据采集方法。

系统日志采集方法:很多互联网企业都有自己的海量数据采集工具,多用于系统日志采集,如 Hadoop 的 Chukwa、Cloudera 的 Flume、Facebook 的 Scribe 等。

对非结构化数据的采集:非结构化数据的采集是针对所有非结构化数据采集,包括企业内部数据的采集和网络数据采集等。企业内部数据的采集是对企业内部各种文档、视频、音频、邮件、图片等数据格式之间互不兼容的数据采集。网络数据采集是指通过网络爬虫或网站公开 API 等方式从网站上获取互联网中相关网页内容的过程,并从中抽取出用户所需要的属性内容。

其他数据采集方法:对于企业生产经营数据或学科研究数据等保密性要求较高的数据,可以通过与企业或研究机构合作,使用特定系统接口等相关方式采集数据。

5. 大数据预处理的方法主要包括数据清洗、数据集成、数据变换和数据规约。

习 题 3

一、填空题

1. 对规模巨大的数据进行分析
2. 数据挖掘算法
3. 数据预处理
4. 知识计算
5. 知识库
6. 特征图
7. 对在线数据的实时处理
8. Hadoop
9. Spark
10. Trinity

二、简答题

1. 整个分析流程可以分解为提出问题、数据理解、数据采集、数据预处理、数据分析、分析结果解析等。

提出问题:制定具体需要解决的问题。数据理解:利用业务知识来认识数据。数据采集:实现对结构化和非结构化数据的采集。数据预处理:在数据导入时做一些简单的清洗,对某些有实时计算需求的业务进行流式计算。数据分析:主要利用分布式数据库,或者分布式计算集群来对存储于其内的海量数据进行分析。分析结果解析:对结果的理解可以通过可视化和人机交互等技术来实现。

2. 深度学习是一种能够模拟出人脑的神经结构的机器学习方式,从而能够让计算机具有人一样的智慧。其利用层次化的架构学习出对象在不同层次上的表达。

3. 知识计算是从大数据中首先获得有价值的知识,并对其进行进一步深入的计算和分析的过程。也就是要对大数据中先抽取出有价值的知识,并把它构建成可支持查询、分析与计算的知识库。

4. 批量数据通常是数据体量巨大,如数据从 TB 级别跃升到 PB 级别,且是以静态的形式存储。这种批量数据往往是从应用中沉淀下来的数据,如医院长期存储的电子病历等。对这样数据的分析通常使用合理的算法,才能进行数据计算和价值发现。

5. 流式数据是一个无穷的数据序列,序列中的每一个元素来源不同,格式复杂,序列往往包含时序特性。流式数据处理常见于服务器日志的实时采集,将 PB 级数据的处理时间缩短到秒级。数据流中的数据格式可以是结构化的、半结构化的甚至是非结构化的。

习 题 4

一、填空题

1. 数据可视化　　　　　　　　2. 可视化元素

3. 传递　　　　　　　　　　　4. 可视化

5. 连接数据　　　　　　　　　6. 智能显示

7. 单个仪表板　　　　　　　　8. 故事点

9. 故事　　　　　　　　　　　10. Tableau Server

二、简答题

1. 数据可视化是关于数据的视觉表现形式的科学技术研究。其中,这种数据的视觉表现形式被定义为一种以某种概要形式抽提出来的信息,包括相应信息单位的各种属性和变量。

大数据可视化可以理解为数据量更加庞大、结构更加复杂的数据可视化。

2. 大数据可视化的过程主要有以下九个方面:

(1)数据的可视化。

(2)指标的可视化。

(3)数据关系的可视化。

(4)背景数据的可视化。

(5)转换成便于接受的形式。

(6)聚焦。

(7)集中或者汇总展示。

(8)扫尾的处理。

(9)完美的风格化。

3. 在大数据时代,数据可视化工具必须具有以下特性:

(1)实时性:数据可视化工具必须适应大数据时代数据量的爆炸式增长需求,快速的收集分析数据并对数据信息进行实时更新。

(2)简单操作:数据可视化工具满足快速开发、易于操作的特性,能满足互联网时代信息多变的特点。

(3)更丰富的展现:数据可视化工具需具有更丰富的展现方式,能充分满足数据展现的多维度要求。

(4)多种数据集成支持方式:数据的来源不仅仅局限于数据库,数据可视化工具将支持团队协作数据、数据仓库、文本等多种方式,并能够通过互联网进行展现。

4. 在 Tableau 中连接数据:

(1)选择数据源:在 Tableau 的工作界面的左侧显示可以连接的数据源。

(2)打开数据文件:这里以 Excel 文件为例,选择 Tableau 自带的"超市.xls"文件。

(3)设置连接:超市.xls 中有三个工作表,将工作表拖至连接区域就可以开始分析数据了。

5. 选择"故事"|"新建故事"命令,打开故事视图。从"仪表板和工作表"区域中将视图或仪表板拖至中间区域。

在导航器中,单击故事点可以添加标题。单击"新空白点"添加空白故事点,继续拖入视图或仪表板。单击"复制"创建当前故事点的副本,然后可以修改该副本。

习　题　5

一、填空题

1. 分布式系统基础架构

2. 两

3. 分布式文件系统

4. 一个对大型数据集进行分析和评估的平台

5. 一个分布式的、面向列的开源数据库

6. 存储和传输

7. 数据收集系统

8. MapReduce

二、简答题

1. 第一代 Hadoop 由一个分布式文件系统 HDFS 和一个离线计算框架 MapReduce 组成;第二代 Hadoop 包含一个支持 NameNode 横向扩展的 HDFS,一个资源管理系统 Yarn 和一个运行在 Yarn 上的离线计算框架 MapReduce。

2. 参见表 5－3。

3. Hadoop 从数据处理的角度看,存在一定问题。MapReduce 目前存在问题的本质原因是其擅长处理静态数据,处理海量动态数据时必将造成高延迟。由于 MapReduce 的模型比较简单,造成后期编程十分困难,一个简单的计数程序也需要编写很多代码。

习　题　6

一、填空题

1. Hadoop

2. 分布式文件系统

3. 存储

4. API

5. NameNode

6. Secondary NameNode

7. DataNode

8. 主从

9. NameNode

10. Common

二、简答题

1. Metadata 是元数据,元数据信息包括名称空间、文件到文件块的映射、文件块到 DataNode 的映射三部分。

NameNode 是 HDFS 系统中的管理者,负责管理文件系统的命名空间,维护文件系统的文件树及所有的文件和目录的元数据。在一个 Hadoop 集群环境中，一般只有一个 NameNode，它是整个 HDFS 系统的关键故障点，对整个系统的运行有较大影响。

Secondary NameNode 是以备 NameNode 发生故障时进行数据恢复。它的职责是合并 NameNode 的 edit logs 到 fs 文件中。

DataNode 是 HDFS 文件系统中保存数据的结点。根据需要存储并检索数据块，受客户端或 NameNode 调度，并定期向 NameNode 发送它们所存储的块的列表。

Client 是客户端，HDFS 文件系统的使用者。它通过调用 HDFS 提供的 API 对系统中的文件进行读写操作。

块是 HDFS 中的存储单位，默认为 64 MB。在 HDFS 中文件被分成许多一定大小的分块，作为单独的单元存储。

2. ①高效的硬件响应；②流式数据访问；③大规模数据集；④简单的一致性模型；⑤异构软硬件平台间的可移植性。

3. （1）连线①：NameNode 是管理者，对 Metadata 元数据进行管理。

（2）连线②：当 NameNode 发生故障时，使用 Secondary NameNode 进行数据恢复。

（3）连线③：HDFS 中的文件通常被分割为多个数据块，以冗余备份的形式存储在多个 DataNode 中。

（4）连线④：NameNode 中保存了每个文件与数据块所在的 DataNode 的对应关系，并管理文件系统的命名空间。DataNode 定期向 NameNode 报告其存储的数据块列表，以备使用者直接访问 DataNode 获得相应的数据。DataNode 还周期性的向 NameNode 发送心跳信号提示是否工作正常。

（5）连线⑤：Client 是 HDFS 文件系统的使用者，在进行读写操作时，Client 需要先从 NameNode 获得文件存储的元数据信息。

（6）连线⑥⑦：Client 与相应的 DataNode 进行数据读写操作。

4. （1）Client 向 NameNode 发送读请求（连线①）。

（2）NameNode 查看 Metadata 信息，返回 File A 的 Block 的位置（连线②）。

Block1 位置：host2、host1、host3；Block2 位置：host7、host8、host4。

（3）Block 的位置是有先后顺序的，先读 Block1，再读 Block2。而且 Block1 去 host2 上读取；然后 Block2 去 host7 上读取。

5. （1）Client 将 FileA 按 64 MB 分块。分成两块：Block1 和 Block2。

（2）Client 向 NameNode 发送写数据请求（连线①）。

（3）NameNode 记录着 Block 信息，并返回可用的 DataNode（连线②）。

Block1 位置：host2、host1、host3 可用；Block2 位置：host7、host8、host4 可用。

（4）Client 向 DataNode 发送 Block1，发送过程是以流式写入。流式写入过程如下：

①将 64 MB 的 Block1 按 64 KB 大小划分成 package。

②Client 将第一个 package 发送给 host2。

③host2 接收完后，将第一个 package 发送给 host1；同时 Client 向 host2 发送第二个 package。

④host1 接收完第一个 package 后，发送 host3；同时接收 host2 发来的第二个 package。

⑤依此类推,直到将 Block1 发送完毕。

⑥host2、host1、host3 向 NameNode,host2 向 Client 发送通知,说明消息发送完毕。

⑦Client 收到 host2 发来的消息后,向 NameNode 发送消息,说明写操作完成。这样就完成 Block1 的写操作。

⑧发送完 Block1 后,再向 host7、host8、host4 发送 Block2。

⑨发送完 Block2 后,host7、host8、host4 向 NameNode,host7 向 Client 发送通知。

⑩Client 向 NameNode 发送消息,说明写操作完成。

习 题 7

一、填空题

1. 面向大数据并行处理

2. 结构化数据、半结构化数据和非结构化

3. Master/Slave(主/从)

4. 把一个函数应用于集合中的所有成员

5. 对多个进程或者独立系统并行执行

6. Split

7. 混合、分区、排序、复制及合并

8. 映射

9. Job

10. Tasks(任务)

二、简答题

1. MapReduce 功能是采用分而治之的思想,把对大规模数据集的操作,分发给一个主结点管理下的各个分结点共同完成,然后通过整合各个结点的中间结果,得到最终结果。

2. 易于使用;良好的伸缩性;大规模数据处理。

3. (1)Jobtracker 是 Mapreduce 的集中处理点,存在单点故障。

(2)Jobtracker 完成了太多的任务,造成了过多的资源消耗,当 Job 非常多的时候,会造成很大的内存开销,增加了 Jobtracker 失败的风险。

(3)在 Tasktracker 端,以 Map/Reduce Task 的数目作为资源的表示过于简单,没有考虑到 CPU 内存的占用情况,如果两个大内存消耗的 Task 被调度到了一块,容易出现内存溢出。

(4)在 Tasktracker 端,把资源强制划分为 Map Task 和 Reduce Task,如果当系统中只有 Map Task 或者只有 Reduce Task 的时候,会造成资源的浪费。

(5)源代码层面分析的时候,会发现代码非常难读。

(6)从操作的角度来看,MapReduce 在进行 Bug 修复、性能提升和特性化等并不重要的系统更新时,都会强制进行系统级别的升级。Mapreduce 不考虑用户的喜好,强制让分布式集群中的每一个 Client 同时更新。

4.（1）MapReduce 在客户端启动一个作业。

（2）Client 向 JobTracker 请求一个 JobID。

（3）Client 将需要执行的作业资源复制到 HDFS 上。

（4）Client 将作业提交给 JobTracker。

（5）JobTracker 在本地初始化作业。

（6）JobTracker 从 HDFS 作业资源中获取作业输入的分割信息，根据这些信息将作业分割成多个任务。

（7）JobTracker 把多个任务分配给在与 JobTracker 心跳通信中请求任务的 TaskTracker。

（8）TaskTracker 接收到新的任务之后会首先从 HDFS 上获取作业资源，包括作业配置信息和本作业分片的输入。

（9）TaskTracker 在本地登录子 JVM。

（10）TaskTracker 启动一个 JVM 并执行任务，并将结果写回 HDFS。

5. MapReduce 架构由 4 个独立结点组成，分别为 Client、JobTracker、TaskTracker 和 HDFS，其中：

（1）Client：用来提交 MapReduce 作业。

（2）JobTracker：用来初始化作业、分配作业并与 TaskTracker 通信并协调整个作业。

（3）TaskTracker：将分配过来的数据片段执行 MapReduce 任务，并保持与 JobTracker 通信。

（4）HDFS：用来在其他结点间共享作业文件。

习　题　8

一、填空题

1. Hbase

2. 结构化数据、半结构化数据和非结构化数据

3. 易扩展性；灵活的数据模型；高可用性

4. Consistency；一致性

5. 范围

6. 大数据缓存

7. 映射关系

8. 列

9. 面向文档存储

10. 图形存储

二、简答题

1. NoSQL 即 Not Only SQL，是指数据管理方式不仅仅只限于关系型。NoSQL 越来越多地被认为是关系型数据库的可行替代品，特别适用于大数据的存储。传统的关系型数据库因其对数据模式的约束程度高和对分布式存储的支持度差等因素，已经无法满足复杂、海量的数据存储。NoSQL 数据存储方案就可以针对目前数据表现出的数量大、结构复

杂、格式多样、存储要求不一致等特点,表现出良好的特性。

2. CAP,即一致性(Consistency)、可用性(Availability)和分区容错性(Partition Tolerance)。对于分布式数据系统,分区容忍性是基本要求,那么在一致性和可用性之间就必须进行取舍,因为如果严格地遵从强一致性,就会使得系统无限制地进行数据计算和处理,会严重地影响数据的可用性。

3. 包括范围分区、列表分区和哈希分区。范围分区是最早出现的数据分区算法,也是最为经典的一个。所谓范围分区,就是将数据表内的记录按照某个属性的取值范围进行分区;列表分区主要应用于各记录的某一属性上的取值为一组离散数值的情况,且数据集合中该属性在这些离散数值上的取值重复率很高。采用列表分区时,可以通过所要操作的数据直接查找到其所在分区;哈希分区需要借助哈希函数,首先把分区进行编号,然后通过哈希函数来计算确定分区内存储的数据。这种方法要求数据在分区上的分布是均匀的。

4. 大数据缓存主要使用的是分布式缓存技术,这项技术是为了提高系统的数据查询性能,在应用程序和数据库之间加上一道缓冲屏障,将需要频繁访问的数据库服务器设为缓存,因为分布式缓存可以横跨多个服务器,所以可以灵活地对其进行扩展。

习 题 9

一、填空题

1. 迭代

2. Spark

3. Scala

4. 分布式并行

5. 速度

6. 内存

7. Cluster Manager

8. Data Manager

9. Spark Runtime

10. 弹性分布式数据集

11. RDD

12. Transformation

13. Action

14. 有向无环图

15. Spark SQL

16. MLlib

17. GraphX

18. Spark Streaming

19. RDD

20. 实时流数据

二、简答题

1.(1)抽象层次低,需要手工编写代码来完成,用户难以上手使用。

(2)只提供两个操作:Map 和 Reduce,表达力欠缺。

(3)处理逻辑隐藏在代码细节中,没有整体逻辑。

(4)中间结果也放在 HDFS 文件系统中,中间结果不可见,不可分享。

(5)ReduceTask 需要等待所有 MapTask 都完成后才可以开始。

(6)延时长,响应时间完全没有保证,只适用批量数据处理,不适用于交互式数据处理和实时数据处理。

(7)对于图处理和迭代式数据处理性能比较差。

2.

比 较 项 目	Hadoop	Spark
工作方式	非在线、静态	在线、动态
处理速度	高延迟	比 Hadoop 快数十倍至上百倍
兼容性	开发语言：Java 语言 最好在 Linux 系统下搭建，对 Windows 的兼容性不好	开发语言：以 Scala 为主的多语言 对 Linux 和 Windows 等操作系统的兼容性都非常好
存储方式	磁盘	既可以仅用内存存储，也可以在磁盘上存储

3.（1）Hadoop 中数据的抽取运算是基于磁盘的，中间结果也存储在磁盘上。所以，MapReduce 运算伴随着大量的磁盘的 I/O 操作，运算速度严重受到了限制。

（2）Spark 将操作过程中的中间结果存入内存中，下次操作直接从内存中读取，省去了大量的磁盘 I/O 操作，效率也随之大幅提升。

4.（1）底层的 Cluster Manager 和 Data Manager：Cluster Manager 负责集群的资源管理；Data Manager 负责集群的数据管理。

（2）中间层的 Spark Runtime，即 Spark 内核。它包括 Spark 的最基本、最核心的功能和基本分布式算子。

（3）最上层为四个专门用于处理特定场景的 Spark 高层模块：Spark SQL、MLlib、GraphX 和 Spark Streaming，这四个模块基于 Spark RDD 进行了专门的封装和定制，可以无缝结合，互相配合。

5. RDD（Resilient Distributed Datasets）即弹性分布式数据集，可以简单地把 RDD 理解成一个提供许多操作接口的数据集合，和一般数据集不同的是，其实际数据分布存储在磁盘和内存中。

6. Transformation 的返回值是一个 RDD，如 Map、Filter、Union 等操作。它可以理解为一个领取任务的过程。如果只提交 Transformation 是不会提交任务来执行的，任务只有在 Action 提交时才会被触发。

Action 返回的结果把 RDD 持久化起来，是一个真正触发执行的过程。它将规划以任务（Job）的形式提交给计算引擎，由计算引擎将其转换为多个 Task，然后分发到相应的计算结点，开始真正的处理过程。

7. Spark 内核会在需要计算发生的时刻绘制一张关于计算路径的有向无环图，简称 DAG。在图中，从输入中逻辑上生成 A 和 C 两个 RDD，经过一系列 Transformation 操作，逻辑上生成了 F。这时候计算没有发生，Spark 内核只是记录了 RDD 的生成和依赖关系。当 F 要进行输出（进行了 Action 操作）时，Spark 会根据 RDD 的依赖生成 DAG，并从起点开始真正的计算。

8. Spark SQL 作为 Spark 大数据框架的一部分，主要用于结构化数据处理和对 Spark 数据执行类 SQL 的查询，并且与 Spark 生态的其他模块无缝结合。

9. GraphX 是构建于 Spark 上的图计算模型，实现高效健壮的图计算框架。GraphX 的出现，使得 Spark 生态系统在大图处理和计算领域得到了完善和丰富，同时其与 Spark 生态系统其他组件进行很好的融合，以及强大的图数据处理能力，使其广泛地应用在多种大图处理的场景中。

10.（1）数据持久化：将从网络上接收到的数据先暂时存储下来，为事件处理出错时的事件重演提供可能。

（2）数据离散化：将数据其按时间分片。比如采用一分钟为时间间隔，那么在连续的一分钟内收集到的数据就集中存储在一起。

（3）批量处理：将持久化下来的数据分批进行处理，处理机制套用 RDD 模式。

习 题 10

一、填空题

1. 基础设施即服务

2. 开发环境

3. 虚拟

4. 逻辑网络

5. 一致化原则

6. 混合云

7. 按需获取

8. 虚拟化技术

9. 终端用户

10. 硬件和软件

二、简答题

1. 云计算是一种用于对可配置共享资源池（网络、服务器、存储、应用和服务）通过网络方便的、按需获取的模型，它可以以最少的管理代价或以最少的服务商参与，快速地部署与发布。

2. 规模经济性；强大的虚拟化能力；高可靠性；高可扩展性；通用性强；按需服务；价格低廉；支持快速部署业务。

3. 基础设施即服务（IaaS）、平台即服务（PaaS）、软件即服务（SaaS）是云计算的三种应用服务模式。

4. 公有云、私有云和混合云。

5. 把有限的、固定的资源根据不同需求进行重新规划以达到最大利用率的思路，在IT 领域就称为虚拟化技术。

习 题 11

一、填空题

1. 可视化运营报表工具，自助创建数据报表

2. Intel Hadoop 管理器

3. Intel

4. 百度大脑、数据工厂、开放云

5. Intel Hadoop

6. "接入" "存储" "计算" "输出" "展示"

7. Spark

8. 海量网民行为数据

二、简答题

1. Intel 的 Hadoop 发行版针对现有实际案例中出现问题进行了大量改进和优化，这些改进和优化弥补了开源 Hadoop 在实际案例中的缺陷和不足，并且提升了性能，具体见本

章表 11 – 1。

2. 通过浏览器输入网址 http://trends.baidu.com/，进入该网站，分别单击"赛事预测"和"景区预测"按钮，选择相应比赛和景区，查看实时结果。

3. 腾讯大数据处理流水线通常由"接入""存储""计算""输出""展示"五个环节组成。其中，接入层包括数据接入服务、Kafka；存储层包括 HDFS、HBase、PGXZ；计算层包括 MapReduce、Hive、Pig、Spark、JStorm 等；输出层包括数据分发、RDBMS、TDE；展示层包括黄金眼、用户画像。

4. 通过该雷达图可以看到拉齐奥队与佛罗伦萨队在球队实力、联赛能力的比较上相当，在赛前状态和球场优势的比较上拉齐奥队更胜一筹。

习 题 12

一、填空题

1. 比较效果研究；Comparative Effectiveness Research

2. 临床数据仓库；Clinical Data Repository

3. 电子健康记录；Electronic Health Records

4. 个人健康档案；Personal Health Record

二、简答题

1. 在临床操作方面，大数据有五个主要的应用场景：基于疗效的比较效果研究、临床决策支持系统、医疗数据透明、远程病人监控、对病人档案的分析。

2. PDMP 报告表明这位患者从多个医生处开出了多种管制药物，同时在服用这些药物。通过与患者通电话，患者告诉了 D 医生所有的情况：他还在另外两个医生那里检查，他很担心医生们的治疗效果是否有效。D 医生告诉他问题的严重性在于他的药物上瘾问题。经过 PDMP 报告和电话的内容分析后，D 医生最后决定该患者的合理用药方法是每两天减少一剂药剂，这样 PDMP 或毒理学的普查就不会有差错。

3. 为了提高临床试验的可靠性，临床试验必须符合严格的科学标准。但临床试验方法上的缺陷并不是没有风险，临床试验也不是总能通过极小群体就推广成功，这时就需要大数据了。可以通过挖掘基于实践的临床数据（例如实际患者记录），以便可以得到更多关于患者治疗的有效方式。

4. 个性化医疗过程中，需要对包括病人体征数据、费用数据和疗效数据在内的大型数据集进行分析，这样可以帮助医生确定临床上最有效和最具有成本效益的治疗方法。通过大数据技术记录这些患者的个性化数据，对患者和医生来说都是有好处的。

参 考 文 献

［1］娄岩.医学大数据挖掘与应用［M］.北京:科学出版社,2015.

［2］娄岩.大数据技术与应用［M］.北京:清华大学出版社,2016.

［3］娄岩.大数据技术应用导论［M］.沈阳:辽宁科学技术出版社,2017.

［4］程学旗,靳小龙,王元卓,等.大数据系统和分析技术综述［J］.软件学报,2014(9):134 – 138.

［5］YAU N.鲜活的数据:数据可视化指南［M］.向怡宁,译.北京:人民邮电出版社,2013.

［6］崔迪,郭小燕,陈为.大数据可视化的挑战与最新进展［J］.计算机应用.2017,37(7):2044 –
2049,2056.

［7］徐茜,黄子杰,蔡晶,等.基于大数据研究的医学数据可视化［J］.中国卫生统计,2017,34(2):
347 – 349.

［8］王艺,任淑霞.医疗大数据可视化研究综述［J］.计算机科学与探索,2017,11(5):681 – 699.

［9］彭军,陈光杰,郭文明,等.基于 HDFS 的区域医学影像分布式存储架构设计［J］.南方医科大学学
报,2011,31(3):495 – 498.

［10］郝娟,吕晓琪,赵瑛,等.基于自定义的 LIRe 和 HBase 的海量医学图像检索［J］.电视技术,2016,40
(5):116 – 120,135.

［11］夏中尚,杜正彩,邓家刚,等.基于大数据分析的中医治疗糖尿病用药规律研究［J］.世界中医药,
2016,11(11):2223 – 2226

［12］姜兆顺,倪青,周雪忠,等.基于结构化临床信息采集系统的Ⅱ型糖尿病用药规律研究［J］.山东中
医药大学学报,2007,31(3):195 – 197.

［13］廖亮,虞宏霄.基于 Hadoop 的医疗大数据分析系统的研究与设计［J］.计算机系统应用,2017,26
(4):49 – 53.

［14］杨道衡.医疗大数据分析与智能监管系统设计与实现［D］.长沙:湖南大学,2014.

［15］韦玮.精通 Python 网络爬虫:核心技术、框架与项目实战［M］.北京:机械工业出版社,2017.

［16］曾航齐,黄桂新.基于 Hadoop 的医疗健康档案大数据平台构建［J］.中国数字医学,2017,12(7):
64 – 66.

［17］张岩,王研.基于 Hadoop 的云平台参数优化［J］.沈阳师范大学学报(自然科学版),2017,35(2):
234 – 239.

［18］吕道明.基于 Hadoop 平台的临床数据集成方案设计与实现［D］.杭州:浙江大学,2015.

［19］刘晶,左秀然,王鑫,等.基于 Hadoop 的医疗云平台构建研究［J］.中国数字医学,2016,11(6):
80 – 82.

［20］周晟劼,袁骏毅,李波,等.基于 Hadoop 的数据中心在三甲医院的探索研究［J］.中国数字医学,
2016,11(8):25 – 27.

［21］赵保,任慧朋.Hadoop 云平台下医疗档案共享体系的构建［J］.中国病案,2016,17(11):47 – 50.

［22］宋菁,胡永华.流行病学展望:医学大数据与精准医疗［J］.中华流行病学杂志,2016,37(8):1164 –
1168.

［23］高东平,李伟,王士泉,等.医学大数据应用信息系统策划与设计［J］.中华医学图书情报杂志,

2017,26(8):1-7.

[24] 周羿阳. 基于 Hadoop 的医疗辅助诊断系统的设计与实现[D]. 上海:东华大学,2016.

[25] 黄海平. 基于 Hadoop 的电子健康档案云平台设计和实现[J]. 医学信息学杂志,2016,37(1):
19-23.

[26] 王光磊. MongoDB 数据库的应用研究和方案优化[J]. 中国科技信息,2011,(20):93-94,96.

[27] 王嫣如. Redis 消息推送机制应用技术研究[J]. 科技广场,2016(8):41-44.

[28] 刘愉,王立军. 基于 MongoDB 的 EHR 存储方案研究与设计[J]. 中国数字医学,2013,(6):20-24.

[29] 潘永华,闭应洲,符云琴,等. 基于 MongoDB 的医学图像管理技术研究[J]. 广西师范学院学报(自然科学版),2017,34(2):54-59.

[30] 杨志芬,陈绮. 一种提高海量电子健康档案存储性能的方法[J]. 计算机应用与软件,2016,33(1):
21-23,41.

[31] 齐帅彬,胡晨骏,胡孔法,等. 基于 MongoDB 构建的非关系型存储中医养生知识库研究[J]. 无线互联科技,2016(7):113-114,121.

[32] 李伟,刘光明,张真发,等. 基于 MongoDB 数据库的临床医疗大数据存储方案设计与优化[J]. 工业控制计算机,2016,29(1):121-123.

[33] 梁杨,黄辛迪. 基于 NoSQL 的中医药数据存储方法研究[J]. 中国数字医学,2017,12(6):46-48.

[34] 陈宇,蒋文涛,熊艳,等. 基于 NoSQL 技术的心电数据库存储研究[J]. 生物医学工程研究,2015,34(4):235-237,251.

[35] 田涛,常青,邱桂苹,等. 基于 Redis 的人本电子健康系统的设计与实现[J]. 电子世界,2013,(24):
137-138.

[36] 曾强. 面向大数据处理的 Hadoop 与 MongoDB 整合技术研究[D]. 长沙:湖南大学,2015.

[37] 刘峰波. 大数据 Spark 技术研究[J]. 数字技术与应用. 2015,9:90-91.

[38] 肖丽,林林,雷晓军,等. 云计算技术在家庭智能医学中的应用[J]. 成都中医药大学学报,2017,40(03):38-41.

[39] 郭洪栋,井庆福,牟强善. 基于虚拟化云计算的医学装备闭环管理系统设计[J]. 中国医学装备,
2017,14(06):124-127.

[40] 刘炳宪,谢菊元,王焱辉,等. 基于云计算的数字病理远程会诊及管理平台[J]. 中国卫生产业,
2017,14(10):72-73,114.

[41] 黎文阳. 大数据处理模型 Apache+Spark 研究[J]. 现代计算机(普及版),2015,3:55-59.

[42] 陈虹君. 基于 Hadoop 平台的 Spark 框架研究[J]. 电脑知识与技术. 2014,35:8407-8408.

[43] 范炜玮,赵东升. 大数据处理平台 Spark 及其生物医学应用[J]. 中国中医药图书情报杂志,2015,
2:1-4.

[44] 王辉,王勇,柯文龙. 一种基于 Spark 与 BP 神经网络的入侵检测方法[J]. 电脑知识与技术,2017,
16:157-160.

[45] 田肖. 云计算环境下医学院校信息资源共建共享策略研究[J]. 电子世界,2017(14):63.